明日も一緒よ、クッキー

谷口晶
TANIGUCHI AKI

幻冬舎MC

明日も一緒よ、クッキー

はじめに

ネコと犬とともに子供時代を過ごしたカアサン（私）は、長年ネコか犬を飼いたいと思い続けてきました。待ちに待ったマンションの管理規約改正が成立して、すぐに巡り会ったのが〝クッキー〟です。

カアサンとトウサン（夫）の家での生活は、ガラッと変わりました。否でも応でもなく、クッキー中心の生活に。彼女とのなんとも言えず面白い、そして変わった日々の出来事が、そのまま消えていくのはチョットもったいないな、と思った時から、ブログの掲載が始まりました。それから十数年、クッキーもカアサンたちもそこそこいいお年になって、後はゆっくり過ごしていきましょう、と、昨年ブログを閉じました。

ブログを閉じてみると、何か寂しい。ブログ越しに見えるクッキーの姿をもう一度、いや何度でも確認してみたいな、というのが、書籍化する理由でした。

クッキーは、カアサンの意識を根底から変えました。というか、カアサンの心の中には、常にクッキーの〝ぬくもり〟が生きているのです。これが〝癒やし〟というものなのでしょうか？

人間という、さまざまな感情、さまざまな困難と向き合って生きていく生き物にとって、このなんとも言えない〝ぬくもり〟というのは、かけがえのない宝です。

ネコや犬とともに生きている方々は、そんな意識を実感しておられるのではないでしょうか。周囲の状況によって、生き物と同居できない方々もどれだけ多くいらっしゃるでしょうか。そんな方々にも、カアサンたちの生活の足跡を少しでも垣間見ていただいて、雰囲気を感じていただけたらいいなと思っています。

クッキーは、16才10か月（2023年12月）になりましたが今も元気です。ボールに対する強い執着はなくなったし、ジャンプもない、足下はちょっと不安定。だけど、周囲に対する警戒意識は健在。まあ、カアサンたちの手におえる身体状況にはなっています。

ゆっくり行こうねー、が合言葉です。

出会いは突然に

２００７年４月25日
クッキー０才２か月

クッキーとの出会いは、２００７年４月13日（金）夜、インターネットのページ上でした。

その少し前に、マンションの管理規約が改正され、ペット飼育が解禁となっていたのです。待ちに待ったワンコが来る‼

犬種は、フレンドリーで人に慣れやすい、毛が抜けにくい、頭がよくしつけやすい等の情報から、トイプードルに決めていました。ただ、子犬を飼った当初は、新しい環境になじませるために、少なくとも10日ぐらいは一緒にいてあげることが必要と聞いていましたので、当時サラリーマンだった私たちは、まとまった休みが取れる５月の連休を外すわけにはいきませんでした。連休までは少し早いけれど、その夜、初めて近くのペットショップのホームページにアクセスしました。ホームページには、お店にいる子犬や子猫たちの短い動画と簡単な紹介記事が掲載されています。

その動画を見ていくと、中に１匹だけ、しっぽを振りながら動き回るトイプードルがいたのです。ああ、この子はきっと明るくてフレンドリー！　しかも、希望していた淡い茶色の毛並みの女の子。「今日お店に出ました」というコメントがついていました。

ほんとに短い動画でしたが、即決！　この子に会いに行かなきゃ！

翌土曜日は所用でお店には行けず、日曜日、「まだいますように」と念じながらペットショップに向かいました。３段重ねのケージの中に本当に可愛い子犬と子猫たちが動いていて、周りをお客さんたちが囲んでいました。

でも、カアサンのターゲットはすぐにわかりました。まぎれもなく、しっぽをフリフリしていたのです。スタッフが抱かせてくださって、クッキー（もう決めていました）は、もうカアサンのもの!!

ところが、トッ……、トッ……、トッ・トッ・トッ、トッ……、そこに、4、5才の坊やが登場。カアサンに抱かれたクッキーを睨みながら、「僕もほしいー、ほしいー」「トイプードルでなきゃヤダーッ！」などと、お母さんに訴え始めたのです。

カアサンはといえば、クッキーをグッと抱きしめて、この強力なライバルに負けまいと、顔で笑って内心緊張（エッ？　おばさん、この間から決めてるのよー！）。

お母さんが「5月になったらね」などとなだめると、べそをかきつつも、坊やは我慢してくれました。

かくして、我が家のクッキーに決定！　クッキーをスタッフにお返しするとき、カアサンに爪でギュッとしがみついてきたことにも胸キュン。

　クッキーにそっくりな小さなぬいぐるみのおもちゃをあげて、連休の始まりまで、２週間ほど、お店で預かっていただくことにしました。

　そして、連休が始まる前日４月27日の夜、ワクワクとしながら、クッキーを迎えました。２月25日生まれ、ちょうど２か月、７００ｇくらい、両手に乗る大きさでした。

　彼女のしっぽ振り振りはホンモノでした。いつも、いつでも、嬉しいときも、怒ったときも、しっぽを振りまくっています。

しつけ

2007年6月28日
クッキー0才4か月

しつけのことを考えなかったわけではありません。クッキーが家に来るまでに「しつけ法」や「飼育法」の本を何冊か用意して、ざっと目を通していました。それらの本を参考にしつけたら、クッキーはお座りや待てぐらいは難なくこなせるようになりました。でも、大人になっていくためには、それ以外のしつけも重要。そう思い、最初にワクチンを接種してもらった動物病院に併設されていたしつけ教室に入りました。

最初の〝授業〟は、生後3か月半の6月10日でした。

先生のコンセプトは、しつけの第一段階は、ペットを人に服従させて、人との穏やかな生活ができるようにすること（のようでした）。本当に望ましい姿です。クッキーの狼藉ぶりを見れば。

カリキュラムの1つは、歩き方でした。飼い主の左にぴたっとついて歩いて、飼い主より前に出ない。止まれの合図で止まる。挑戦しましたが、クッキーには向いていなかったようです。しっかりとマスターしていれば、小さなワンコに引っ張られながら歩く今のトウサン・カアサンのカッコ悪い姿はなかったはずです。

もう1つのカリキュラムは、勝手に膝に手を掛けさせず、「よし」と言われたときだけ許すことでした。椅子に掛けている飼い主の膝にワンコが勝手に手を掛けてはいけない。手を掛けてきたら払いのける。

先生には「もっと強く。２ｍぐらい飛ばしても大丈夫ですよ」と言われました。

でも、こんな小さな子をぶっ飛ばすことはできない。カアサンの手には力が入りません。

それでも、クッキーはビックリ、目を丸くして「カアサンどうしたの？」という顔をしていました。

先生がお手本を見せてくれます。ササミに惹かれて先生の膝に手を掛けたクッキーがぶっ飛びました。

彼女は黙っていません。大胆にも、先生に向かって「ワンワン！　ワンワンワンワン！」と抗議しました。当時、滅多に吠えることのなかったクッキーが、です。

その日の授業の締めに、先生は、「この子の性格を言いましょう。この子はわがままです」と宣告されました。全く当たっています。

家に来てたったひと月半というパピーを、すでにわがままにしてしまったトウサン・カアサンがおしかりを受けたのかもしれません。

確かに、ワンコが飼い主の意のままに従い、人本位の生活が送れることは望ましいことです。飼い主の指示に従って従順に歩き、どのような場でも待て、伏せ、と落ち着いて行動できるワンちゃんと飼い主の関係は素敵です。

けれど、落ちこぼれたカアサンは考えました。クッキーは小さいので、引っ張られてもトウサン・カアサンが引きずり回されるようなことにはならないし、抱いてしまえば行動を押さえることもできる。愛すべきマーリー（小説の主人公、ラブラドールレトリバー）のような大型犬ではないし、警察犬や職業犬でもないのだから、自然体でいいかな……。要するに、黒い瞳で見つめる彼女に厳しい態度は取れない。要するに、無条件で彼女を可愛がってしまいそう。クッキーも、トウサン・カアサンの気持ちに応えてくれるのでは?という甘い期待があったのかも。

で、しつけ教室は、それでおしまいになってしまいました。

トイレ

2009年2月27日
クッキー2才0か月

トイレにも苦労しました。メディア等で、すぐにマスターしたという話を聞くことも多く、羨ましかったですね。

まずは、トイレトレー。トイレシートがいたずらされないように、メッシュ状のプラスチックカバーがついたトレーを用意しました。けれど、クッキーにとっては、これもトイレである前に好奇心の対象。すぐにカバーの留め具部分をガリガリ囓り始めて、ほどなく、仕事から帰ってみると、ケージの中には真っ白な粉まみれのクッキーがいました。カバーの留め具を囓ってはずし、トイレシートを引っ張り出して破って格闘したのでしょう。

白い粉がシートの中に入っていた吸水性樹脂だということはすぐにわかりました。

オーッ！　マイゴッド！

この白い粉は手強い相手でした。とにかく、クッキーの体から白い粉をはたき落として、浴室に。洗い流そうとしました。でも、その白い粉は吸水性樹脂ですので、お湯（水）を多量に吸収して膨潤し、大きな透明の粒となり、しっかりと毛の間に入り込んで洗い落とすのが大変。

トイレシートの隣に敷いた毛布も同様。細かな白い粉は1粒1粒が多量の水を吸収して、とても扱いにくくなるのです。

なんとか片づけたけれど、心配なのはクッキーが白い粉を吸い込んでいないか、ということ。細かいので、口から、消化器や呼吸器に入ってしまったかも。消化器ならなんとかなる（でも、水分を吸収して詰まってしまわないかしら？）。呼吸器に入ってしまったら大変。気管支や肺に詰まってしまったらどうなるの？

翌日、メーカーに電話しました。担当者によると、「吸水性樹脂は無害だが、体内で分解されることはない、また、肺には入らないのではないか」ということでした。「分解されない」ことに不安が残りましたが、クッキーは咳き込んでいるわけではないし、まあ、いいか。

トレーの方は、トウサンが、まずトイレシートをセロテープでトレーに固定し、プラスチックカバーの左右の留め具を園芸用のコーティング針金で後ろに括って、さしものクッキーでも攻略できないようにしました。

というわけで一件落着。今は、留め金の括りだけをしています。

ケージの中で過ごす11、12時間の間、大はトレー上で済ましてくれても、小は、ケージの中のタオルや毛布を汚すことが多かった。大方は、トウサン・カアサンが帰宅したときの興奮からのお漏らしらしい。あるいは、大と一緒のところにするのがいやだったのかな?

いずれにしても、毛布やタオルを洗う日が続きました。

トウサン・カアサンとケージの外で過ごせる時間は、朝の1・5時間ほど、夜の4〜5

時間くらい。クッキーにとって、ケージは長時間ひとりぼっちになるという悪いイメージと重なっていたのかもしれない。だから、ケージの外で過ごしている時間帯は、トイレのためであってもケージの中までは入りたくない。5回のうち3回は、ケージの中ではなく、どこでもトイレの状態でした。多分、トイレトレーをケージの外に置いていたら、こんなことにはならなかったでしょう。

トイレをすぐにマスターしたという話はよく耳にしていたので、頭のいいクッキーが、どうして覚えてくれないのかなぁー、と悩ましい。どのしつけ本にも、「トイレを成功したときはたっぷり褒め、失敗しても怒らないで、さりげなく始末すること。怒ると、逆効果で見つからないような場所でやってしまうから」と書いてありました。

カアサンも、そのとおりに取り組みました。成功したときはハイテンションで「えらい！　えらい！　クッキーはいい子！」と褒めまくり、粗相したときは、せいぜい愚痴をつぶやくぐらい。「シーシーはトイレよ」で、クッキーはといえば、ケロッとして、始末するカアサンにまとわりついていました。

そんな状態で2才になった頃、テレビである女優さんが、愛犬が幼いときに厳しくしかって「かわいそうなことをした」と言われるのを耳にしたのです。

そうだ！　クッキーには怒ったことがない。やっぱり、怒らなきゃ！

直ちに方針転換。クッキーが粗相をするや、声を張り上げて「こら！　ここでシーシーをやっちゃダメ！」

「シーシーはトイレ！」

「ダメじゃない！　悪い子！」

カアサンの突然の豹変！　剣幕にたじろいでこそこそとテーブルの陰などに隠れる彼女に向かって、カアサンはますますエスカレート。

「こっちに来なさい！」

「そんな悪い子知らない！」

「うちの子じゃないからね！」

と、ひとしきり怒鳴り散らして、妙にスッキリ。

これは劇的でした。カアサンのヒステリーを数回浴びたクッキーは、辟易としたのでしょう、そそくさとケージの中のトイレに向かうようになりました。完璧にマスターするのにひと月はかかりませんでした。以降、失敗はありません。

気づいたことは、クッキーは、トイレ以外でやってはいけないということをしっかりと教えられていなかった、知らなかったということです。どこでもトイレをしかられもしなかったのですから。

２年間の苦労は一体何だったのだろう。教訓は、ＹＥＳもＮＯも、相手にしっかりと伝えるという、ホントに当たり前のことでした。

やんちゃ娘

2009年8月8日
クッキー2才6か月

パピー恐るべし。クッキーは、家に来てすぐに破壊魔となりました。

クッキーの手の届く（ジャンプして口の届く）範囲のものは、興味津々、手当たり次第自分の歯で確かめます。

まずは、おもちゃ。ぬいぐるみの耳はちぎり、目や鼻は囓り取り、中綿は引っ張り出してぺしゃんこにし、ぺしゃんこのぬいぐるみは振り回し、投げ飛ばして遊ぶ。

毛布やタオルの端々はなかなかの噛み心地。

洗面所のタオル、ハンガーに掛けた洋服類、とにかくぶら下がっているものは何でも引っ張ってみる。テーブルクロスが引っ張り落とせないとなれば四隅を囓り取る。トウサン・カアサンの洋服は、特にボタンが好き。カリッと噛み砕いたときの歯ごたえがナイス。

クローゼットや戸棚が開いていれば、潜り込んで気に入った獲物をくわえて持ち去り、ぶら下がっているものを引っ張り落として格闘する。

気づくのが遅れてトウサンの気に入りのネクタイ数本がボロ布になりました。

大好きなトイレットペーパーロールやティッシュが部屋中に散乱することもしばしば。ローテーブルの上や部屋の隅に積まれた雑誌や紙類も、蹴散らされて部屋中に散乱。

カアサンがいたずらの始末をしている間に、彼女はもう次の活動に取り組んでいて、そのスタミナにはお手上げ。

　彼女は、〝獲物〟に対し真剣です。トウサン・カアサンが、彼女に破壊されては困る〝獲物〟を取り戻そうとして追いかけても、敏捷な彼女を捕まえることは到底できません。テーブルの周り、ごたごたと物が置かれて狭い、障害物だらけの部屋の中を彼女はいとも軽快に疾走し、追いかけっこを楽しんでいるかのようにトウサン・カアサンを引きつけては走る。トウサン・カアサンは、結局、彼女が飛び越せない高いバリケードを築いて囲い込むしかありません。

　それでも、彼女は簡単に〝獲物〟を渡してはくれない。取り戻そうとすると、上唇（？）をピクピク震わせる迫力ある形相とレディにはふさわしくないうなり声、そして激しい動きで、本気噛みします。上唇ピクピクは、彼女の不退転の意志の表われ。

「絶対渡さないからね！」。分厚い手袋をしていても、歯形しっかり、出血や内出血もしばしば。傷ついた手は、人前でチョット恥ずかしい。ＤＶと思われちゃうよ！

クッキーは目に入るあらゆるものをチェックします。

クリーニングハンガーやその他諸々のプラスチック製品、ボール箱や紙袋、そして、クッション噛り。ソファーに置かれている背当てクッション、フロアーの硬質スポンジクッション、オットマン、どれもお気に入り。タグや角部から噛って、中綿やスポンジを引っ張り出し、噛み砕いて振りまく。しかもあっという間。

　噛み癖を予防するための市販の苦い液体を振りかけるのですが、その効果はあまり長くは続かないようです。しばらくすると、また戻ってきて取り組んでいます。


　本や雑誌、特にハードカバーの本は大好物。何気なく置いてあったカアサン気に入りの小説、六法全書、特許法、ペットのしつけ法……、みんな彼女に囓られて、見る影もないボロとゴミの山に。

　ただ、本好きとはいえ、彼女の囓りまくったたくさんの本や雑誌の中身が、彼女の教養に役立っているかどうかは定かでありません。

　かくして、我が家は、クッキーに囓られた残骸が散乱し、食卓の椅子には、クッキーがテーブルに上がるのを防ぐためのティッシュ5箱パックが2つずつ置かれ、その他、部屋中のあらゆるものが、クッキーの手の届かない（ジャンプして届かない）ところへごたごたと危なげに積み上げられているという、無惨なゴミ屋敷となりました。

寝室

2009年10月30日
クッキー2才8か月

2才半くらいまで、クッキーはケージで寝ていました。トイレが仕切られた大きなケージです。玄関に近い寝室で私たちと一緒に寝るのは、朝の新聞や牛乳の配達に彼女が吠えるからダメ、というのがトウサンの言い分でした。

でも、クッキーは、本当はケージはいや、いつもトウサン・カアサンと一緒にいたかったのです。実際、トウサンが出張のときには、彼女はカアサンの布団の上でおとなしく寝て、何の問題もありませんでした。

夜ケージに入れるのはトウサンの役目。だって、クッキーはカアサンに全くのひっつき虫で、カアサンが家にいながら自分がケージに閉じ込められることには我慢できない。で、ケージに入れた後、カアサンの姿がちらとでも見えてしまうと、「出してよ‼」と騒ぎたててしまう。

10月26日、その夜は、何かのキッカケでカアサンの姿を見かけたのでしょう、いつまでも騒いでいました。カアサンは寝てしまったけれど、トウサンによれば、2時、3時、そして5時頃までケージの中で騒いでいたらしい。

さすがのトウサンも、「クッキーはもう限界だろう、病気になるよ」と言って、トビラを開けました。

彼女は、猛ダッシュ、激しい息遣いで寝室に飛び込んできました。

クッキーの実力行使に軍配。その日以来、彼女は、カアサンの布団の上で寝る権利を獲得しました。まさに、クッキーの粘り勝ち、執念の勝利でした。

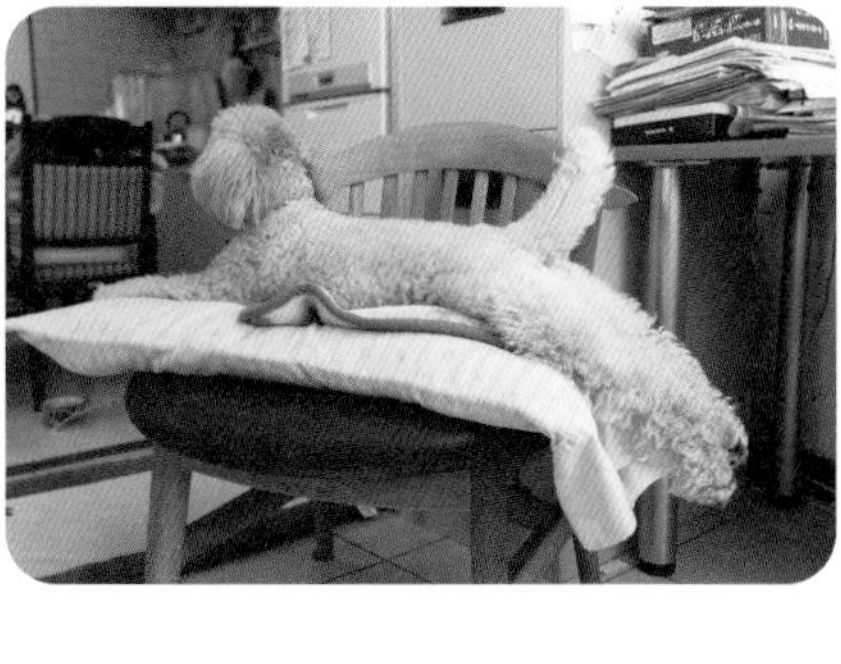

新聞・牛乳配達にも、ほぼノープロブレム。それどころか、彼女は、トウサンが起きて電気をつけるまでは、決して活動を始めたりはしません。クッキーは、トウサンが照明のスイッチを入れた瞬間に跳ね起きます。次にカアサンの枕元に飛び込み、顔をなめて起こすと、すぐにカアサンの布団の上に戻ります。そしてカアサンが起き出すまで数分間まどろむのが、彼女のしきたりです。

フローリング

フローリングが犬の足に負担となることは知っていたので、クッキーが来るまでに、リビングや廊下の大方に、30㎝四方のジョイント式コルクパネルを敷き込んでいました。

これは正解でした。コルクパネルはクッキーの足にやさしく、音の吸収にも役立ったと思います。

2010年5月24日
クッキー3才2か月

ところが、クッキーの興味は、このパネル。とにかく、片っ端からはぎ取って囓る。まずは、外周の凹凸ジョイント部分を覆う縁パネル。引きはがしてガリガリ囓ってはペッ、囓ってはペッ、4、5㎝幅の縁パネルはとても囓りやすくて愉しいらしい。

メインパネルも片っ端からはぎ取られてたちまちボロボロに。結構値段の高いパネルを頻繁に取り替えるわけにもいかなくて、ボロボロの床に甘んじていました。

その後、樹脂製のジョイントパネルを通販カタログで見つけて、買い換えました。幸いに、クッキーのいたずらが落ち着き始めていた頃でもあったので、あまり囓られることもなかったのですが、こちらは、はがれる！

裏面に粘着剤のドットがつけてあるのだけれど、その粘着力が弱くて、はがれまくり、動きまくり、いつも置き直している。ネットでの評判もあまりよくなかった。「動く」「ずれる」というのばかり。

やっぱり仕方ないのかな……と思っていたのだけれど、見つけました……ネットで。

大手メーカーの製品で、こちらは、しっかり床材にくっつくらしい。裏面の粘着剤の塗布柄が違うみたい。値段も安い‼

早速取り寄せました。しっかりした織地で、しっかり重い。選んだ2色を市松模様のように敷き詰めるのに半日くらいかかりました。

いい！　いい！

びっしりと敷き詰めた床は、足にやさしく、暖かく、クッキーが跳び回っても、駆け抜けても、ノープロブレム、みじんも動かない。遮音性もよいのだとか。

掃除も楽。すっかり感激して、通路からリビングへ敷いてあったパネルを全部はがして、床のほぼ全面に敷き詰めました。

とっても快適。クッキーも、お気に入りのはずです。

保温性もよくて、冬には、床暖房を使えば、一旦暖まった後、半日以上暖房なしで過ごせる日もありました。

トリミング

2010年5月27日
クッキー3才3か月

クッキーは、当初、月に1回トリミング店に通っていました。最初の頃、人慣れしていないクッキーは、抱かれてお店に入るだけで体を硬くしてガタガタ震えていました。トリマーさんに渡されるときに、お漏らしをしてしまったこともあります。

クッキーは、週末、天気さえよければ、いつも車で公園に出かけます。だから、車＝公園とわかっていて、車に乗ると嬉しい！　立ち上がってそわそわと窓の外を眺め、テンションが上がっていって、アクセス道路の最後の交差点では、ウインカーの〝カチカチカチ〟音に「ワンワン‼　ここ曲がって‼」と叫び、駐車場のゲートでは「早く！　早く！」と金切り声を上げ、車が止まるやトウサン・カアサンをムチャクチャに踏みつけて、我先に外へ飛び出そうとします。他のどこの駐車場でも、彼女は真っ先に降りる権利を断固主張します。

そんな彼女が、トリミングの日には、家からすぐ2番目の交差点をいつもと逆の方向へ曲がった時点で、早くも、おかしい‼と気づくらしい。
（ア・ソ・コ⁇）

たちまちテンションが下がって、もう窓の外を見ようともせず、カアサンの膝でふて寝を決め込みます。

トリミング店の駐車場は、お店から一軒おいた手前にあって、駐車場からお店が見えるわけでもないのに、車を止めて外に出そうとしても、彼女は丸く固まり、頑固に突っ張って抵抗します。彼女の察知能力には本当に脱帽。

巡り合わせで、大きな声でガミガミと吠えまくるワンちゃんといつも一緒だったことも、クッキーがいやがる原因かな、と思って、そのワンちゃんと重ならないように時間調整をしてもらったのですが、一件落着とはなりませんでした。

トリマーさんたちはやさしくても、トリミングやグルーミング自体がいやなんでしょうね。カアサンにひっつき虫の彼女にとって、一人になることとの分離不安も大きいのでしょう。

3時間後、迎えに行くと、彼女は毎度トリマーさんを引っ張り、ガードを飛び越えんばかりの勢いでバタバタと走り出てきます。

家では、次のトリミングとの間に、シャンプーを1回。トイプードルは、その間も毎日のブラッシングが必要といわれています。でも、クッキーはブラッシングや顔を触られるのが大嫌い。抵抗して逃げ出したり、甘噛みしようとしたり。週に1度ぐらいはブラシで梳かしたい、目やにを取りたい、と思いながらも、難しい。仕方なくもじゃもじゃもじゃっ子でした。

で、あるとき、インターネットで、小さな〝トリミング台〟を見つけました。横36cm、縦27cmで、クッキーにジャストフィット。ワンタッチで折りたたみができて、置き場所に困らない優れもの。

さしものクッキーも、この台の上ではなすすべもなくて、せいぜい、丸くなって、手（?）や足や顔を体の下に隠し込んで、ブラシを防ごうとするぐらいのもの（でも、最近は、飛び降りそうな気配があるので要注意）。

これで、週1のブラッシングができるようになりました。

留守番

２０１０年６月２日
クッキー３才３か月

クッキーが家に来てから、トウサン・カアサンが退職して独立するまでの2年間、クッキーは、毎日11～12時間をケージの中で過ごしました。かわいそうだな、大丈夫かな？　とても心配しました。

「6時間以上留守にする人は飼う資格がない」と書かれた本もありました。

クッキーは、ケージに入れられると留守番になることをわかっていて、おとなしくケージに入ってはくれない。おやつを使った誘導作戦はすぐに効かなくなり、結局、逃げ回るクッキーをバリケードで囲って捕まえるしかなかった。朝の忙しい時間に彼女をケージに入れるのは大仕事。

ケージには、おもちゃとおやつを少し入れます。おやつは、いくつかの市販品、そしてニンジンスティックが定番。

最後にラジオをつけます。人の声やさまざまな音で、寂しさや不安を和らげられれば、と考えました。ラジオは正解だったと思います。最近、ワンコの分離不安を和らげるのにラジオを、という記事をインターネットで見かけたので。

夜、トウサン・カアサンが仕事から帰ると、クッキーの興奮は爆発します。

玄関のドアを開けた時点で、クッキーはもうケージの中でバタバタ。トウサンが飛んでいってケージのトビラを開ける。クッキーは弾丸のように飛び出して、まだ玄関のところでモタモタしているカアサンに跳びかかる。ボカボカと殴る。

走り戻ってまた跳び蹴り、ボカボカ、しっぽを振り千切りながら、息を荒げて何回でも何回でも。小さいとはいえ5kgの体重が突進する圧力は結構大変。身構えていないとふらついてしまう。

「いい子、いい子」「よし、よし」、彼女がクールダウンするまでのひとときのケアが、毎日のイベントでした。

パピー時代からの2年間は、彼女の精神的成長にとても大切な時間だったはずです。その大切な時間の大方をケージで一人で過ごさせてしまったことを、やむを得なかったとはいえ、本当にかわいそうだったと思っています。彼女がとても神経質で臆病であること、人や他のワンちゃんにフレンドリーでないことは、寂しく不安に過ごした長時間の留守番と無関係でないのでは？

今は、クッキーもトウサン・カアサンの事務所のスタッフなので、彼女の留守番は少なくなりましたが、時々、二人とも出かけて帰宅したときの彼女の興奮は、小さくなるどころか、さらに熱烈になった感じ。

ケージに入れたときに、「クーン、クーン」と悲しげな鳴き声を上げるようになったし、帰宅時の騒ぎがさらにヒートアップ。掃除か何かで玄関ドアの外へ出ようとしようものなら、彼女は、「行っちゃダメ」と叫びまくります。

（ワタシは、いつだって、カアサンについて回るの。

カアサンが、ソファーから立ち上がろうと身動きすれば、ワタシは一瞬にソファーから飛び降りて、カアサンを待つ。

カアサンが、どんなに足音を忍ばせて移動しても、ワタシにはわかるの。カアサンが洗面所に立てば、その足下に寝そべるし、お風呂に入れば、足拭きマットの上に丸くなって待つし、トイレでもドアの前に寝そべる。

ワタシは、最初の頃、カアサンが開けたトイレのドアにぶつかってしまったことがあって、それからは、水洗の音と同時に風のように立ち去るの。でも、直前までワタシが寝そべっていたことを、カアサンは、ドアの外で細い足を床に投げ出して寝そべるときの〝コツッ〟という音と、ドアの外に踏み出した一歩の足裏のぬくもりでわかるみたい。

カアサンは、ワタシが爆睡していたのに、いつの間にかついてきているのが不思議って言ってたけれど、最近は、「クッキーは、爆睡中でも、時々目を開けてカアサンをチェックしている」って、言ってるわ）

クッキーを甘えん坊と言ってしまえばそれまでだけれど、単純な甘えん坊というのではなく、一種の分離不安症的な面があるのかも。2年間のツケなのだと思っています。

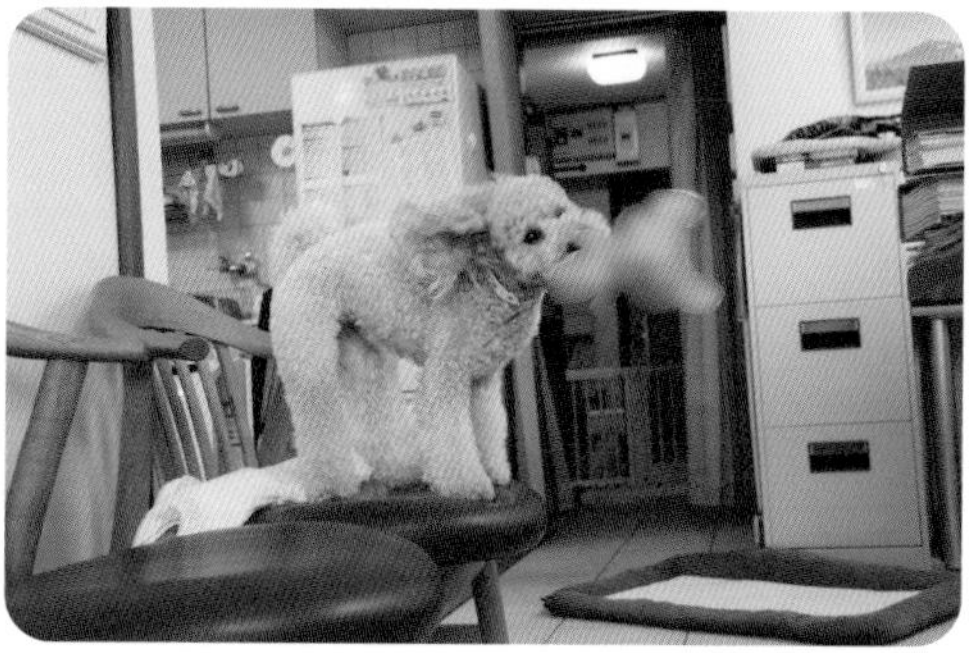

散歩

2010年6月8日
クッキー3才3か月

クッキーの散歩は、週末の土日と祝日だけ。天気のよい日のほとんどは、車で10分ほどの、広い原っぱのある公園へ出かけます。時には、家から20～30分ほど歩いてにぎやかな公園へ。

前日が雨で草地が濡れていそうなときは、街中を通って、クッキーがチョットは走れそうな駅前の広場に出かけます。

クッキーは、とにかく散歩の気配に敏感。トウサンが靴下を履いた、鍵がチリンと鳴った、カアサンが鏡の前で、パフをパタパタとはたいた、髪にブラシを当てた、それだけで十分なシグナル。すっかりその気になって、もうじっとしていられない。二人の間を跳び回って、「早く！　早く！」。

クッキーは原っぱが大好き。ウサギのような二足跳びで実に愉しそうに軽快に走る。トウサンと走りながらジャンプ、ジャンプ。長い耳がはためく。格好いいー!!

カアサンは大抵、トウサンとクッキーの後をついていく。クッキーは、トウサンと走っていっても、10mも行けば必ず立ち止まって後ろを振り返り、カアサンがついてきていることを確認する。安心して、また走る。カアサンが遅れ過ぎるとダッシュして戻ってくる。

一度、カアサンが大きな木の後ろに隠れたことがあります。

姿が見えない!! クッキーはパニックになって走り出しました。トウサンが長いリードをしっかりと握っていなかったなら、カアサンが「クッキー!」と叫ばなかったなら、彼女は、どこかへすっ飛んで行ったのじゃないかしら?

広い原っぱでは、ボール遊びに夢中。小一時間だけど、中身の濃い散歩です。

原っぱから深大寺の方向へ進むと、ワンコ用にお水を出してくれるそば屋さんがあります。オープン席なので、入りやすいのが嬉しい。そばや

うどんの他に、天ぷらの盛り合わせを注文して、エビとカボチャの衣を外し、クッキーもご相伴。

もう1つ、テラス席にワンコが入れるお店があって、運よくテラス席が空いていれば、おいしいスープカレーが食べられる。散歩の後のお楽しみ。

クッキーは、スープカレーに添えられているグリルしたチキンがお目当て。そりゃ、いつも食べている無味のササミに比べて風味たっぷり、デリシャス！

ペットボトル

2010年7月13日
クッキー3才4か月

クッキーは、ペットボトル、空のペットボトルが好き。トウサンがペットボトルのお茶を飲みきって、ボトルをすすいでいると跳んできて、「頂戴！　ちょうだい！」とせがんで奪い取る。

ポットにミネラルウォーターを入れる音に跳んでくる。ゴクゴクとポットがミネラルウォーターを飲み干すと、空のボトルに飛びついてカアサンの手から奪い取る。

中身の残っているペットボトルには全く興味を示さない。飲みかけのボトルからコップに注いでいても、決して取りに来ることはない。

ボトルを振り回し、襲いかかり、ラベルを噛み千切ってはぎ取るところまでが、一番愉しいらしい。パピーの時代から繰り返されるペットボトル騒動です。

新聞読むよー

2010年7月29日
クッキー3才4か月

カアサンは、1日の終わりに、ソファーで夕刊などを読む。昔からの習慣。

カアサンにとって、貴重な1日の締めくくりのリラックスタイムです。クッキーが来てからも変わりません。クッキーにとっても、カアサンとスキンシップできるお待ちかねのとき。

「新聞読もうか！」と言ってカアサンがソファーに座ると、クッキーも急いで、その辺に転がっている本や雑誌をくわえてソファーに飛び乗る。カアサンにピッタリとひっついて転がると、持ってきた本や雑誌をガリガリ、ムシャムシャ、ペッペッ。夢中でガリガリ、ペッペッ。ハードカバーが特に好き。パピーの時代以来、彼女には手に余ると思われるような分厚くて重い本でも、何度もチャレンジしてソファーに引き上げる。

カアサンは新聞を読み、クッキーは本を読む（齧る）。勉強家のクッキーです。

その後、『カリカリを食べさせよう作戦』で、新聞タイムに、20粒ほどのカリカリを入れた小さいポリ袋と、リンゴの小片を夜食として用意しました。彼女はすぐにその作戦に乗ってきました。

キッチンのテーブル脇に夜食を置いて、「新聞読むようー！」とカアサンがソファーに座ると、クッキーは、本を持ってくる前にまずリンゴを取ってきて、おいしそうに食べる。次にカリカリを取りに行って、ポリ袋を食いちぎる。お腹が空いていれば、カリカリを平らげる。必ずこの順番。

カアサンが、「新聞読むようー！」と言った後に用事を思いついて、ソファーに座らな

クッキー蔵書

ければ、クッキーもリンゴを取りに行かない。カアサンが用事を済ませて新聞を手にソファーに座るのをしっかり見届けてから、リンゴを取りに行く。カアサンが一旦ソファーに座り、彼女がリンゴを持ってきてしまった直後に用事で立ったときには、彼女は、食べないでカアサンが戻ってくるまで待っている。首を伸ばしてカアサンの行方を追っている。我慢強いクッキー！

夜食を食べてしまうと、やっぱり、本！　ボロボロの本や雑誌でも、まだまだ愉しい。

弟分？

2010年8月20日
クッキー3才5か月

クッキーを心からかわいがっているのはトウサンも同じ。サラリーマン時代には家事をほとんどしてこなかったトウサンですが（今は、いくつかの家事、進んでやってくれています。……トウサンの名誉のため）、クッキーの世話は率先してやってくれます。特に、トイレシートの交換。

いつの頃からか、クッキーは、トウサンがトイレシートを交換するときに変わった反応をするようになりました。

彼女は、トウサンの作業に全神経を集中させています。そして、トレーをケージの中の所定の場所に置く瞬間、猛然と駆けつけ、トレーの上に飛び乗って、「ウー、ワンワン」とわめき、トウサンに跳びかかります。本気噛みではないけれど、ひっかかれることもある。

トウサンがシート交換を始めると、クッキーはどこにいても、４m、５mと離れた場所にいても、その場で全神経を集中させ、トレーを置く瞬間までは、石のように固まっている。片足を上げたまま固まっていることもある。座ったままのこともある。

出来上がったトレーを、所定の位置にソッと下ろしていっても、トレーが床に置かれる瞬間までは決して動かず、一歩も近づこうとしない。トレーが床に置かれた瞬間に彼女は突進する。

「フェアプレーだね」と感心するっきゃない。

カアサンがやっても全く反応しないのに、一体どういうこと？

「クッキーの中での序列なんじゃない？　自分より序列が下の存在に、自分のもの（トレー）をいじられるのが許せない、とか」

つまり、カアサンが1番で、クッキーが2番、トウサンが3番、つまり、トウサンはクッキーにとって弟分なのかも⁇

その真偽や？　クッキー、ホントのとこ、どうなの？　トウサンはホントに、クッキーの弟分なのかもしれない。彼女は、室内では遊び相手にトウサンをご指名することが多い。ボールやおもちゃをくわえて、トウサンのところに持っていって、「遊ぼう！」と誘う。トウサンに向かって、レディにはふさわしくないわめき声を浴びせながら、キャッチボールやおもちゃの奪い合いに全力で取り組む。負けん気が固まりになってトウサンにぶつかる。

「弟には負けない！」

ナビゲーター？

2010年9月24日
クッキー3才6か月

週末の午後は、天気さえよければ、クッキーと一緒に車で出かけます。大方は公園へ。その他諸々。で、クッキーは、家へ帰るルートと、公園へのルートは、すっかり頭に入れているらしい。

公園へ行こう！　彼女は、車に乗ったときから、ルンルン。座ってなんかいられない。立ち上がって窓に張り付いて、外をせわしく眺めている。1つ手前の交差点の〝カチカチ〟で、運転手に向かって「ワンワン！　ワワーン！」。駐車場ゲートではさらに金切り声を上げる。運転手は間違いようがない。チョットやかましいナビゲーターです。

クッキーは、運転にもうるさい。車を発進させようとしてギア操作やハンドル操作を始めると、彼女は、運転手に向かって「ウァオ」と注意する。オーディオ操作しようとする運転手の手を攻撃しようとする。カアサンがオーディオをいじっても何も文句を言わないのにねー。「運転中は、オーディオいじっちゃダメ！」ということですか？　クッキー？

外出の帰りには、クッキーは疲れてカアサンの膝の上で眠っていることが多い。けれど、ウインカーが〝カチカチ〟と鳴るたびに、ムクッと起きあがって、外を確認する。我が家の２つ手前の交差点あたりから、彼女はスタンバイ。１つ手前の交差点では、運転手に向かって「ウー、ワン！」「ワンワン！　ここ曲がって！」と大声でナビゲート。駐車場入口では、さらにわめいて、もがいて、運転手が間違いなく駐車場に入るように注意する。

彼女は、徒歩で散歩に出たときも、帰り道とわかると、家に向かって脇目もふらずに走り出す。ひたすら、リードを引っ張って。トウサン・カアサンは、懸命に追いかける。だから、車のお出かけでも、家へ早く帰りたい気持ちで興奮するのでしょう。

クッキーのパワーは、外出先の駐車場でも。帰り時、「さあ、帰るよ。クッキー、クッキーの車は？」「クッキーの車はどこ？」。

クッキーは、俄然張り切って、小走りで探し始める。もちろん、たくさんの車が入っているところでは、ウチの車が置いてある方向へ誘導しながら。「クッキーの車はどこ？」。走り回った彼女は、やがて、自分の車を見つけ出して、ドアのところで立ち上がって知ら

せます。スカスカで見渡せる駐車場では、一目散に自分の車のところに跳んでいく。思わず拍手。何の特徴もない普通のセダンなのに、どうしてわかるの？　親ばかトウサン・カアサンは、彼女の能力に感動。

小渕沢近郊の愛犬リゾート

２０１０年10月22日
クッキー3才7か月

小渕沢にあるリゾート施設に出かけたのは、２０１０年9月の連休、２泊しました。森の中に開かれた広大なスペースに点在するコテージタイプの貸別荘。全体的にゆとりがあって、広いドッグランが２面ありました。

とても暑い日でしたが、クッキーも、他のワンちゃんがいないときにドッグランでボールを追いかけました。リードなしの初めての走り、さぞかし、ご機嫌だったことでしょう。願わくは、芝のドッグランだったらよかった。彼女と遊んで、土ぼこりをさんざ浴びてしまったので。

とにかく、ここはワンコにとって、とてもフレンドリー。コテージの中だけでなく、どこでも、自由に歩ける、入れる。レストランには、ワンコ用のメニューもある。多少古くても、清潔であればいい。なによりも、ワンコがちゃんとお客として迎えてもらえる、これが嬉しいことです。これって、ホテルなどでは結構難しいことですから。

周囲の環境のよさ、清里など周辺の観光スポットの楽しさ、道中の車窓に流れる豊かな自然の清々しさを含めて、リピートしたい宿でした。

昭和記念公園

2010年11月9日
クッキー3才8か月

　昭和記念公園は、さまざまな種類の樹木が茂り、広大な原っぱとボートの浮かぶ池や、変化に富んだ遊歩道を備えた、緑豊かで明るい公園です。入口から入り、いちょう並木とせせらぎの道をそぞろ進んでいくと、心を解き放たれたような開放感に満たされていきます。

　春のポピー、夏の花火、秋のコスモス、冬のイルミネーションなど、四季折々のイベントの他、一年中、花が絶えることはありません。

　クッキーが我が家に来る前、トウサン・カアサンは、貸し自転車で園内を巡り、花や鳥の観察を愉しみました。ことに広葉樹の葉が落ちた晩秋から、芽吹きの季節までは、ヒヨドリやシジュウカラ、ムクドリのようなおなじみの種類の他、コゲラ、ツグミ、モズ、季節の水鳥など、素人にも見つけられて愉しい。

　バード・サンクチュアリの観察窓から見える人工の土手にカワセミの巣が作られていると聞いて、観察窓に張り付いていたことが何回かありますが、一度も会えませんでした。

クッキーが来てからは、公園の楽しみ方は、クッキー本位になりました。自転車に乗れない（彼女は、暴れてバスケットから飛び出してしまう）、パークトレインにも乗れない（ペットお断り）で、隅々まで行くのはしんどい。

クッキーは、原っぱさえあればご機嫌。広大な原っぱは、芝の手入れも行き届いていて、足にやさしく、快適なのでしょう。彼女は、元気いっぱいに、楽しそうに走り、跳ぶ。

疲れたら、木陰にシートを広げてごろり。大きな空と流れる雲は、癒やしそのもの。

ふと思いついたときに行きたくなる公園です。

箱根のリゾートホテル

2010年12月14日
クッキー3才9か月

クッキーを連れて最初に泊まった宿は、箱根にあるリゾートホテルでした。リゾートホテル初のペット可ホテルとして、新聞に紹介されたと記憶しています。ドッグフレンドリールームは、一般客室とは別棟にあり、駐車場から直接アクセスできます。

到着時、ワンコは、ホテルエントランス前で係りの方に預けられ、グルーミングを受けてから、部屋に連れてこられますが、その後は、歩いて自由に客室への出入りができます。

部屋は、ゆとりある広さ（72㎡）で、床は、ワンコの足にやさしいタイル張り。ソファーやベッドカバーの素材が防水仕様で、質感が一般客室とは違うのでしょうけれど、それ以外は、全体としてグレード感のある、落ち着いた快適な部屋でした。

ベランダ側には2畳（以上？）の広い囲い（ドッグケージ）があり、大きなワンちゃんでも、不満はなさそう。

ワンコを預かってもらえる午後7時までクッキーを預け、その間にレストランでディナーをいただきました。クッキーには、ルームサービスで食事を届けてもらいました。希望すれば温めてくださる。クッキーも満足そうでした。

別のレストランで、ササミが解凍もそこそこに、半分凍ったまま出てきて、ササミ好きのクッキーも口にしなかったことを思えば、とてもフレンドリーなサービスだなあ。

スタッフの方の接客を含めて、ワンコを連れていることにも引け目を感じさせない、感じのいいホテルでした。

でも、クッキーにとっては初めての場所、初めてのお泊まりで、神経過敏になっていたのでしょう。俄然、ガード〝ワン〟に徹して、外の廊下を人が通るか何かの気配を察知すると、玄関に跳んでいって、ワンワン‼

真夜中も、スタッフの巡回などがあるのでしょうか、何回か飛び出していました。

ペット同伴の専用棟とはいえ、周囲に迷惑をかけたかもしれないし、トウサン・カアサンも、クッキーをなだめたりで、寝不足気味。

やっぱり、こういうホテルはムリなのかなあ、と、チョット落ち込んで帰りました。

Pくん

2011年1月6日
クッキー3才10か月

ある日の午後遅く、例のとおり公園で遊んでいると、「女の子ですね」と言って、近づいてこられた飼い主さんとワンちゃん。

ワンちゃんは、ベージュに近い薄茶の美しい被毛を全身にまとった優雅な姿。ポメラニアンらしいキュートな顔だけれど、普通のポメラニアンの倍ぐらいはありそうな大型。

「女の子にはいいのですけど、男の子に近づいたら大騒ぎ。耳がおかしくなるくらい吠え立てて大変」

「フェロモンか何かでわかるんでしょうね」

「自分が偉いんだ！って騒ぐんでしょう」

Ｐくんは、まったりと寝そべり、後ろ足を後ろに伸ばしたまま匍匐前進をしてみせたり、と魅力的。イケメンくんというより、全身ハンサムくん。

クッキーが、へっぴり腰で「ワンワン！　ワンワンワン！」とフェイントをかけても、全く動じることなく、悠々泰然。

と、突然、彼が飛び上がって、甲高い声でわめき始めました。見ると、暮れ始めた15〜20ｍくらい先に、ワンちゃんを連れた少女の姿。

「あー！　男の子！」

飼い主さんは、興奮して吠えまくるＰくんを引っ張りながら、慌てて離れていかれました。

近づいてきたワンちゃんは、クッキーと同じぐらいの大きさで、５か月の男の子とのこと。Ｐくんはすごい‼

人間には到底識別できない距離や明るさなのに、瞬時に男の子だってわかったのですね。

「パピーだって、男の子は男の子！　許さなーい！」ということなんでしょう。

動物の能力はすごい‼　犬っていうのは、あまりにも身近な存在で、野生とは無縁かのように錯覚しがちだけれど、人間には計り知れない、野で生きる力だって持っている存在なんだ、と改めて気づかされました。

そこで思い出したのが、近くの商店街の看板犬のトイプードルくん。そのワンちゃんは、いつもガラスドアの向こうに座って、居眠りしたり外を眺めたりしています。で、クッキーに気づくと、しっぽをパタパタと振り、立ち上がってガラスをガリガリと引っ掻いて、飛び出してきたい様子。

Pくんのことを考えると、看板犬くんは、ガラスドアの向こうにいてもクッキーを女の子とわかって、〝トモダチになりたーい〟とアピールしているのかも。

クッキーは、全く無関心だけれど。

シティホテル

2011年1月27日
クッキー3才11か月

トウサン・カアサンは、クッキーが来る前の数年間、お正月の2日ほどをホテルで過ごしていました。

クッキーが来てからは、もうムリだなあ、と思っていたところ、都心のあるシティホテルが、ドッグフレンドリールームを開設とのニュース。早速、大晦日1泊の予約をいれ、元旦にかけての1日を過ごしました。結果はブルーでした。

当日、湘南で遊んだ後、夕方ホテルに入り、駐車場からクッキーを抱いてエントランスへ向かいました。

利用案内に、「キャリーに入れてフロントへ」と書いてあったのは知っていたけれど、小さなワンコは抱いて移動するのを許してくれる施設もあるので、甘く考えていました。だいたい、クッキーは、キャリーには到底入ってくれないし……。

エントランスに向かうと制止されて、係りの者を待つようにとのこと。やがて、係りの方がみえて、「キャリーを貸しましょうか？」。

この犬はキャリーに入れられないので、と言ってみたけれど、「皆さまにお願いしているので」と迷惑そう。

そこへ、ペットショップの方が迎えに来て、入室前のグルーミングをするために、クッキーはホテルの外のペットショップに連れて行かれました。

ホテルの係りの方、「ペットショップにキャリーを届けておきます」。

ペットショップ閉店の午後7時までクッキーを預かっていただいて、トウサン・カアサンは、急いでディナーをいただきました。7時になんとか間に合って、クッキーを迎えに行くと、しっかり、キャリーが届けられていました。

ホテルの駐車場入口で、とにかく、クッキーをキャリーに入れてみることにしました。でも、彼女はものすごい抵抗。４本の足をフルに使って馬鹿力で暴れて、もう、ケガをしてしまいそう。

仕方ない、クッキーを抱いて、夜陰に紛れて駐車場に入り、駐車場のすぐそばの通用口から、急いで建物内に入りました。華やかなエントランスやロビーとは異質の、人気のない通用口から、こそこそと。

その通用口のすぐ隣が、私たちの部屋でした。

クッキーをキャリーに入れられないので、夜も、ホテルの館内や庭園など、どこにも出歩くことができませんでした。

翌朝も、ペットショップが開いていなくてクッキーを預けられないため、朝食のルームサービスを受けることにしました。

元日の朝です。これまでホテルで過ごしてきた元日の朝食は、当然のようにおせちでした。で、ルームサービスでも、お正月らしいメニューがあるでしょうね、と思っていたら違いました。ごく普通のホテルの洋朝食のみ。何かわびしい元日の朝食でした。

近場のシティホテルでお正月を過ごせる！　期待はぬか喜びで終わりました。

ワンコは、しっかりキャリーに入れて。ホテルの敷地内は駐車場であってもキャリーから出してはダメ（カフェのテラス席のみ同席可）。

同じ系列のリゾートホテルでは、少なくとも駐車場は歩けたのだけれど、シティホテルとの違いなのでしょう。とにかく、「キャリーに入れて」という注意書きを甘く考えていたこと、これが反省点です。

結局、クレートトレーニングをクリアしていない（キャリーに入れない）ワンコに、シティホテルの門は閉ざされていました。
大勢のお客さんが利用する都会のホテルでは、やむを得ないことなのでしょう。

皇居前

2011年2月14日
クッキー3才11か月

元日の朝、シティホテルでルームサービスの朝食を済ませると、トウサンが支払いを済ませてきて、早々にチェックアウト。昨夜と同じく、クッキーを抱えて通用口からアタフタと。

都心の道路は空いている。思いついて向かったのは、皇居前広場。新丸ビルの駐車場に車を入れて、皇居前へ向かいます。平日とは違う、人も車もほとんど通らない首都東京のメインストリートを、クッキーが闊歩する。

まず向かったのは、和田倉濠に面した和田倉噴水公園。前年春までこの近くに勤務していて、昼食や散歩に訪れていたカアサンにとっては、懐かしい場所でした。

都会的な、石タイルを敷きつめた地面には水路が刻まれ、爽やかに力強く噴水が踊り、クッキーは、軽快に愉しそうに走る。

と、そのとき、クッキーが水路に飛び込みました。

カアサンがバッグの中身を探していて、クッキーとトウサンからかなり遅れると、振り向いて気づいた彼女は、例のとおり、猛ダッシュ。カアサンに向かってまっしぐらに走ってきて、その勢いのまま、途中の水路にバシャ‼

トウサンが慌てて拾い上げたので、彼女の人生（犬生？）初泳ぎは見られませんでした。

彼女は多分、泳げるのかも。池などの水面に鳥や魚を見つけると、躊躇なく飛び込もうとするので。

それにしても、今は、水泳を楽しむ季節ではありません。濡れたジャケットを脱がせて、水を拭き取る。

しょぼくれた姿になっても、本人はケロッ。

皇居前広場では、明日の一般参賀に向けて準備が行われていました。クッキーは、凜々しく立派な警察犬の姿に見とれてしまう。自分の感情をしっかりコントロールして、ハンドラーの指示に従い、一途に任務に励む、同じワンコ（〝ワンコ〟なんて失礼！）なのに、なんと偉大な存在。格が違います。

そうこうしているうちに、クッキーの体も乾き、人もワンコも、すっかり気分よく、家路につきました。

食べたー？

2011年3月8日
クッキー4才0か月

クッキーが、長時間の留守番をしていた当時のことです。

朝、出かけるときに、彼女の好きな市販のおやつ、そしてニンジンスティックをケージに入れていました。11〜12時間、お留守番だから、しっかり食べてね。

ところが、夜、トウサン・カアサンが帰宅した時点で、おやつなどを残している日が時々ありました。というよりも、帰宅してケージのトビラを開けた時に、普通ならカアサ

ンに向かって突進して熱烈歓迎会を延々とするはずのクッキーが、一度カアサンに飛びついてからケージにすっ飛び戻ってケージ内に敷いた毛布をひっかき回し、おやつなどを探し出してくわえてくると、ガリガリとむさぼり食べる。歓迎会はその後、ということが時々ありました。

彼女は、おやつが残っていることをちゃんと知っている、お腹が空いている、なのに、食べないでいたのです。トウサン・カアサンは、ただ、呆気にとられてしまう。

トウサンの説は、危機管理。いつ食事を貰えるかわからないから、〝貯食〟しておいて、安全とわかってから食べるのでは？

そうだとしたら、すごい！　彼女の何代も何代も前の、はるかな祖先の知恵だか本能だかが、食べ物に何の不安もない、平和な時代に生きる彼女のＤＮＡとして受け継がれているのですから。

でも、そうでないことは、トウサン・カアサンがサラリーマンを辞めてからわかりました。

トウサン・カアサンは、退職後、プライベートな用事や遊びに二人揃って出かけることを、極力減らしてきました。もちろん、クッキーに寂しい思いをさせないために。

クッキーは事務所でも一緒なので、彼女が留守番をする機会はめっきり減りました。

それでも、当然ながら、仕事やプライベートで二人揃って出かけることもあります。

ある日、朝から出かける用事がありました。先に食事をさせる時間がなかったので、ケージの中に、〝カリカリ+ササミ〟のごはんを置いて出かけました。

夕方遅く帰ると、彼女は、ごはんに全く口を付けていませんでした。例のとおり、カアサンを熱烈歓迎しながらも、ごはんの方も気になっている様子。

カサカサに干からびたササミを食べようとするので、すぐに新しいごはんに替えてあげると、ガツガツとむさぼり食べました。

昨夜から何も食べていないのだから、さぞかしお腹が空いたことでしょう。それでも、彼女は、食べないでいた、というより食べられないでいたのです。これは、もう〝貯食〟なんていう格好よい行動じゃなくて、単純に不安な気持ちで食欲が閉じ込められていた、としか考えられません。

クッキーや、もっと図太く！　もっとワイルドにね！

地震

2011年3月28日
クッキー4才1か月

2011年3月11日(金)、この日の出来事、そしてこの日に続く人々の試練は世紀を超えて語り継がれていくことでしょう。

カアサンにとっても初めての経験。大きな揺れに、部屋のどこかの構造物がきしむような音、終わりがないように長く感じられました。

最初に気づいたのはクッキー。飛び上がって天井を見渡しながら走り回り吠えたてた後、カアサンに飛びついてきました。カアサンは固まったクッキーを抱いて机の下にもぐり、次に玄関ドアを開けに行ってしがみつく。

お隣の息子さんもドアを開けて張り付いている。会釈程度しかしたことのない彼と二言三言、これはおまけ。

やっと収まってみると、机の上に不安定に積んであった書類が床に落ちた程度で済んでいた。ラジオからは、東北に〝震度6強〟〝津波〟、各種交通機関ストップのアナウンス。

夕方、家に帰ってテレビに釘付け。息をのむような津波の映像が、これでもかこれでもかと続く。凍り付いたような人々の顔、顔、顔。

大切な家族、思い出の品々、愛着のある物たち、現金やカード類など日常生活に必須な品々、何十年、もしかしたら何百年、家族とともにあった家、街並み、林や森、ふるさとの全てが、巨大な津波に捕らえられ、暴君のような津波が去った後には、一面のガレキの山が。

新聞に載った1枚の写真、パンを1つ手渡されて涙をぬぐう女性の写真に胸を打たれました。テレビの1コマには、1膳の温かいご飯に涙する女性の姿がありました。

その涙は、決して1つのパンや1膳のご飯のためではない。万感こもる涙なのでしょう。外国人が賛嘆したという、人々の冷静さと秩序、他者への気遣いの内面には、のど元までこみ上げる悲しみと、触れれば溢れる涙があるのです。

本当の悲しみと苦しみはこれからやってくる。神様がおられるのならば、被災した全ての人々を固く抱きしめてあげてください。行政と私たちには覚悟が必要です。票目当てのばらまきと見ざるを得ない子ども手当、高速道路無料化などなど、「凍結の可能性」「つなぎ法案」などと未練がましく執着するのはいい加減にしてください。

復興の大事業が1年や2年で終わるはずはないのですから。本当に必要、本当に困っている人々が優先されるなら、私たちも我慢ができる。

〝がんばって〟という言葉はよろしくないらしい。ただ、被災した方々に心を寄せて、思いを寄せていきたい。それが、私たちの〝我慢〟の支えとなるかもしれません。

地震という招かれざる訪問者は、この動く大地に生を受けた私たちの宿命です。明日は我が身。老朽マンションに住むクッキー一家としては、ささやかな自助努力として、緊急用リュックを用意しましょう。

クッキー用のグッズも大事。ペットは災害弱者。災害時には、当然ながらペットにまで目配りはしてもらえないでしょうから。

クッキーはといえば、地震にすっかり敏感になった様子。真っ先に気づいて怯えるし、テレビの〝ビョロン、ビョロ

ン〟という緊急地震速報の音に飛び上がって、囓っているガムまで放りだしてカアサンに「抱いて！抱いて！」と飛びついてきます。〝あの音がすると揺れる〟ということを学習したのでしょう。

早く大地のエネルギーが静まってほしいものです。

自宅ナビ

2011年4月18日
クッキー4才1か月

徒歩で散歩に出かけた帰り、家の方向へ向かうと、クッキーの帰りモードはすごい。好きなにおい嗅ぎも全く放棄して、ひたすらスタスタと足早に行く。「うちに帰ろうか」などと言おうものなら、彼女は走り出す。リードを握っているトウサンが、必死で追いかける。カアサンはお手上げ。

最近、徒歩圏にいい芝生公園を見つけました。最短経路ならば、15分程度で行ける。

トウサンがいないある土曜日の午後、クッキーとその公園へ出かけることにしました。それまでに2回出かけていたけれど、最短経路をとるためにチョット複雑なルート。ド・方向音痴のカアサンとしては、緊張しながら、なんとかたどり着きました。

ひとしきり遊んで、「さあ、帰ろうか」。

帰り道は、往きよりももっと難しい。曲がり方を間違ったら、やけに遠回りになってしまう。場合によっては、見知らぬ住宅街の中で迷子になってしまう。

でも、心配は無用でした。クッキーは、公園を出ると直ちに帰りモード。決然と、足早に、歩き始める。カアサンを引っ張って。

住宅街の、いくつもの街路を何の迷いもなく直進し、この角を曲がる。またすぐに曲がって、さらにいくつかの街区を直進し、交差点の直前の目立たない極細路地に入る。前回、トウサンが見落として遠回りをした。彼女は、何の迷いもなく、当然のようにスタスタと路地に入る。その先の横断歩道を渡ると、すぐの角を曲がる。

……　……　……

カアサンは、何も考えない。ただひたすら、クッキーに引っ張られて懸命に歩き、小走りで追いかける。最後の角を曲がって、我が家のあるマンションまでの２００ｍ余り、クッキーはダッシュ！

「クッキー！　頼むよゆっくり行って！」。カアサンはへとへとでたどり着く。

クッキーはといえば、細い首でカアサンを引っ張り続けてきたのに、ケロッとしている。

それにしても、クッキーには脱帽。たった2回のアクセスを、彼女は正確に記憶したのでしょう。もしかしたら、1回だけで十分だったのかもしれない。

　それから約ひと月後、再び、二人で公園へ向かいました。帰りは、ただ、カーナビの〝自宅ボタン〟を押すだけ。

「さあ、帰ろうか」のボタンを。

仙石原のリゾートホテル

2011年5月6日
クッキー4才2か月

クッキー一家が、いま最も気に入っているホテルは、仙石原のリゾートホテルです。

このホテルは、音楽家の團伊玖磨さんの祖父、團琢磨さんの別邸に由来する、1万5千坪の広大な自然林に立地するホテルです。ゲートを入ると、広い芝生ガーデンと、清々しい緑に包まれた庭園が迎えてくれます。

本館の他に、林の中に点在するコテージ群があって、その中の4棟がワンコと泊まれるコテージになっています。

2名用のコテージは、1寝室とリビングのコンパクトな造りながら、ベランダや窓のカーテンを開ければ、視野いっぱいに優しい木々の姿、そして木の葉のさやぎ。林の中に身を置いているような爽やかさ。玄関入口の足洗い場にはお湯が出て、足拭き用のタオルが備えてあるなど、ワンコにも親切。

ホームページには、おいしそうな食事の案内がありました。是非味わいたい。

「クッキーや、カアサンたちにディナーを食べさせてね」

かわいそうだけれど、リードを室内のフックに掛けて出かけることに。パニックになったクッキーが暴れて、リードを首に絡ませたりしないように、車用のシートベルトにもなるハーネス型のリードに取り替えて……。

クッキーの悲痛な声は、レストランのある本館へ向かう道すがら聞こえていました。


やさしい味。さまざまな野菜たちは、素顔の味と色どりも豊かにホッとするような味わいを奏でているし、肉や魚介類は押しつけがましくなく豊かな味わい。デザートも美味でした。

食後のスッキリ感、そして、おいしいものを食べた！という満ち足りた気分で帰りました。

クッキーにも感謝！　彼女が大騒ぎで待ち構えていたことは、言うまでもありません。


翌朝の朝食は、ルームサービスを受けました。爽やかな林の気に包まれたベランダのテーブルで、これまたおいしい朝食をいただく。

ホテル構内のうち、芝生ガーデンなど、ワンコ禁止の場所もあるけれど、自然林や早川のせせらぎに沿って巡らされた起伏に富む遊歩道は、ワンコもＯＫ。

秋、紅葉の林はきれいでした。遊歩道をゆっくりと一巡りするだけで、箱根の自然を堪能した気分。

しかも、ワンコ用には、芝のドッグランが。宿泊犬が少ないので、貸し切り状態にもなって、クッキーは、のびのびとボール遊びを愉しみました。ホテルのスタッフの方々の、さりげなく感じのよい接客によって、旅人としての居心地もよかった。

というわけで、クッキー一家全員、このホテルが気に入りました。

およそ半年後、同じコテージに2回目の予約をしました。本館でチェックイン手続きを済ませ、スタッフの方に案内されてコテージ方向へ向かうと、クッキーは、リードを握ったトウサンを引っ張って走り出しました。点在する他のコテージには目もくれず、まっしぐらに、〝我が家の〟コテージに駆けつけたのです。

彼女は覚えていた！　チョット感動。願わくは、クッキーにとっても、楽しい旅でありますように。

そして、今、同じコテージに3回目の予約が入れてあります。

その後、ワンコの泊まれるコテージは建て替えられ、白亜の素敵な宿泊棟になりました。

足にやさしいタイル張りの広い室内に高い天井、ベランダのガラスの外は深い自然林、リラックスできるホテルです。

クッキー一家は今はディナーも、デリバリーでいただいています。

パノラマパーク

2011年5月24日
クッキー4才2か月

仙石原のリゾートホテルに、３回目の宿泊をしてきました。

そのホテルに出かけたときには、芦ノ湖にあるパノラマパークに立ち寄ります。以前は、箱根ピクニックガーデンと呼ばれていて、箱根園の施設らしい。

１人５００円、ワンコ３００円、というのは、何もないのにチョット高いかな？とも思ったけど、そうではない。

広大な草山、右手に富士山、前に芦ノ湖の美しいパノラマ、そして大きな空。開放感に

溢れた贅沢なひとときを過ごすことができる。その美しい環境を維持するにはさぞかしコストがかかるのでしょう。

草地にただ座って、湖上を進む遊覧船の行方をボーっと眺めているのもいいし、ひっくり返って果てしない空と一つになるのもいい。

子供たちはのびのびと走り、ワンコたちも草地を我がものとして楽しんでいる。

クッキーもハツラツと走り、跳び、車中の窮屈な長旅の疲れを発散させたようです。

クールビズ

2011年8月16日
クッキー4才5か月

世の中、節電、節電。「節電中」の貼り紙を見ただけで、「暑っ！」。

そこで、今や〝クールビズ〟が本格的な市民権を得ました。お堅い役所や大企業まで、〝クールビズ〟の大号令。

女性はもともと、これ以上はない！くらいの軽装にも馴染んでいるので、あまり抵抗はない。困ったのは、お父さんたちでしょう。なにしろ、スーツとネクタイさえ身につければ安心。長年、ハードなビジネスの世界で、我が身を守ってくれている〝よろい〟なのですから。

でも、〝クールビズ〟下では、スーツにネクタイなどできめていたら、やせ我慢、と白い目で見られてしまう。かくして、上着とネクタイを外したお父さんには、格好良くきめる若者横目に、よれよれおじさんのリスクが。

それもいいじゃないですか。

〝よろい〟を脱ぎ捨てて、身も心も軽く、節電と亜熱帯化のＷパンチに見舞われつつある日本の夏を乗りきってください。

さて、１か月もすればムクムクになる毛皮を着込んだクッキーのクールビズは、って？これはどうしようもないでしょう。夏バージョンで被毛をホントに短く刈り込むこともできる。でも、被毛には、ケガや虫から皮膚を守る働きがあると思うので、それもどうか。ところがこの間、ペット用品売り場で、ワンコの〝クールビズ〟を見つけました。吸放湿性、吸水速乾性の機能性生地が使われていて、触ってみると、確かに、ひんやり感がある。

水を染み込ませておけば、気化熱でさらに涼しく感じるとか。

「室内でも、着せてあげた方がよいですよ」
高いけど買っちゃいました。

クッキーは、もともとファッションには興味がありません。窮屈で、スポーツには邪魔ですからね。持ってる洋服は、防寒用だけ。3年目の冬に、それまでわずかな冬服を着たきり（もちろん洗濯はしました）だったことに気づいて、新調したぐらいですから。

春になれば、暖かくなれば、窮屈な洋服は脱ぎ捨てて、〝身軽な毛皮〟になれる。まして、夏に洋服を着るとは思いもよりませんでした。

それが、この〝クールビズ〟、薄く柔らかな着心地で、結構良さそう。

早速、少し水で湿らせて着せてみました。原っぱでの1時間ほどの散歩の効果は？　クッキーは何も言いません。

ただ、やっぱり、1、2回のRunのたびに草の上に寝そべって、体を冷やしているところを見ると、少なくとも劇的な効果まではないかもしれない。

不自然？

２０１１年９月７日
クッキー４才６か月

ありがたいことに、このところ、最高気温が30℃を切る日が続きました。もう9月。季節の移ろいの気配でしょうか？

先月まで4週ごとだったクッキーの〝散髪〟（トリミング）を、5週ごとに変えました。クッキーの抵抗（車から降りたくなーい！　お店に行きたくなーい！）は以前ほどではなくなったけれど、やっぱり、Happyではなさそうなので、もう少し間を空けてあげようか、というわけです。

で、5週目ともなると、クッキーはかなりな〝もじゃ子〟になります。彼女はブラッシングが嫌いだし、カアサンもさぼりがちなので、トリミング前後の落差は大きい。

見た目だけでなく、トリミングの後のフワフワ被毛の感触は、ホントに気持ちいい。

だけど、もし、このまま半年も1年も散髪しなかったら？　クッキーは多分、毛の固まりになってしまうかもしれない。顔も足も毛で覆われて、目は見えにくくなるし、ごはんも食べにくくなる。足の肉球も毛で覆われてしまうから、歩きにくくなる。耳の中も毛だらけになる（最初のグルーミングのとき、耳の毛も抜くと知ってビックリ！）。

ＳＦではない、あり得ることです。怖いことです。羊も、被毛が伸び続けて暖かいセーターを提供してくれるけど、生きるのに大事な顔や足には毛が生えない。

それで、今になって初めて気づきました。クッキーは、トイプードルは、とても〝不自然〟な生き物だということに。

ネコはもちろん、馬だって、牛だって、籠の鳥だって、水槽の魚だって、そして、ワンコの大方も、それぞれの場所に放てば、しっかりと自立して生きていける。

でも、全身の被毛が伸び続けるトイは、人のケアを受けなければ生きてはいけない。自然界に自立できる場所はない。長い進化の過程を経て今存在する生物ではなく、紛れもなく、人間が作り出した生き物なのです。

トイの原種のスタンダードプードルも、〝伸び続ける被毛〟があって初めてあの独特のカットができるのだと、今さらに思う。スタンダードの歴史もとても古いらしい。

ということは、そんな大昔に、人々の、多分貴族の興趣を満たすために、〝伸び続ける被毛〟を持つ犬が作り出されたのでしょう。

この賢くて愛らしい、けれど、負の形質を背負った〝不自然〟な生き物と思いがけず家族になったカアサンとしては、人としての責任を改めて深く意識しました。

偽妊娠

2011年11月8日
クッキー4才8か月

クッキーは、偽妊娠の〝くせ〟があります。

彼女にとってのベビーは、小さなボール。前回は青、今回は赤いボール。数あるボールの中から彼女が選んだベビーボールです。

口にくわえて、キーン、キーンと、金属的な声を出しながら、落ち着く寝床（巣）を求めてウロウロ。クッションでも、ソファーでも、布団の上でも、必死に穴掘りをして寝床を整えると、ベビーを大事に抱え、やさしくなめ回す。

ナーバスになっていて、カアサンたちの手がベビーに近づくと、グァォ！と牽制する。外出から帰ってくると、何より先に大慌てでベビーを探し出す。夜も、カアサンの布団の上でベビーを抱えて寝る。

オッパイが張って、実際汁が出る。クッキーがなめたりしている。見ていて、何か切ない。

獣医さんは、「子供を欲しがっているわけではないですよ」とおっしゃる。そうですね。体のホルモン状況から来る生理現象だということは、頭では納得。

それでも、クッキーはいいお母さんになるなあ、なんて情緒的に思う。

避妊処置をすれば、クッキーの体にとって多分ストレスとなるこんな繰り返しを回避できることも、わかっている。

でも、その決断ができないままで、今まできました。インターネットで見ても迷っている飼い主は多そう。

賛否両論。

獣医さんの多くはＹＥＳのようだけれど、不要という獣医さんもいる。勧める主な理由は、手術をしないと、子宮の疾患や悪性腫瘍発症の確率が高くなる、というものです。

恐ろしいことです。で、確率は何％ぐらい上がるの？　手術しなければ、癌になる確率はどのくらい？

これが、インターネットによっても、数値としてなかなかつかめない。1度だけ、どこかの国の例として「15％」という数字を見たことがあります（何の？かは不明）。犬種によって、癌罹病率にかなりの開きがあるという調査結果が、この間、新聞に出ていました。

他方、手術には、全身麻酔のリスクが0ではない。万一トラブルがあったら？　不安は拭えません。最も頻度の高い後遺症は、〝太る〟こと、これは、大方が認めていることです（何％ぐらい？）。

太れば、腎臓病、糖尿病、などなど、さまざまな病気の引き金になる、これも納得。

クッキーがワクチンを接種してもらってきた獣医さんは、不要派です。癌の確率より、太るリスクの方が問題。ほとんどは太る。肥満はとてもよくない。「5％」程度が高いと言えるんですかね？　もし癌になったら、そのときに避妊を含めた手術をすればよい。それでも、是非というのならば、もちろん、手術はしますよ。

トウサンは、獣医さんに共感しています。自然体がいいじゃないか。健康な体に傷を付けて、万一麻酔事故にでもあったら大変。太ってしまったら、クッキーらしさが失われてしまうし、健康面で問題が多いよ。

カアサンは、悩ましい。癌のリスクは1%だって小さい方がいいに決まってる。ワンコの癌っていうのは克服できるのかしら？

それに、現状では年に2回ほど体に変調がきて、チョットおとなしくなる。ぐうたらしていることが多い。体調の変化は、彼女にとって負担となっているかもしれない。

でも、やっぱり、全身麻酔は心配だし、肥満以外にも後遺症が現れるかもしれない。ごはんをやたらと食べたがるようになったとして、それを冷静に抑えることができるかしら？クッキーにとっても、食べたいのに貰えないのは、ストレスになるでしょう。メタボになってしまったら、彼女の軽快な走りやジャンプは、どうなるの？

というわけで、ずるずると今に至っています。

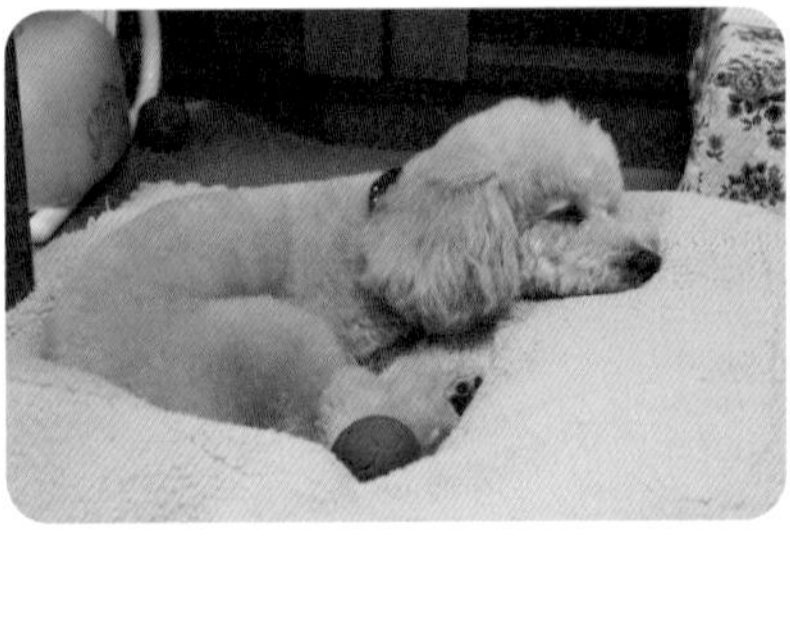

霧の峠越え

２０１１年11月22日
クッキー４才8か月

もう恒例になった箱根の旅。週末に近づくにつれて、天気予報が下り坂。出発当日は、なんとかもちそうでした。

小田原厚木インターから、三国峠を経由して箱根方面へ。チョットぱらつき気味。そして、三国峠越えのワインディング道路を登っていくうちに、谷からガスが上がってきました。だんだん濃くなって、ガスの中から対向車のヘッドライトが飛び出してくるような雰囲気。

クッキーにとっては、初めての経験。なにやら怪しげなガスの流れに緊張。窓の外をキョロキョロ見回して不安そう。どうやら、これは運転手が悪い、と思い込んだらしい。

運転手に向かって「ワン、ワン！　ちゃんとして！」。

運転手「トウサンのせいじゃないよ」。

ホテルでは、夕方から本降りとなりました。その前の2、3時間をホテルの広い庭園やドッグランで走り回れたのが、クッキーにとってはストレス発散となって、機嫌も良さそう……。ディナーの前までは。

例のとおり、ハーネス型のリードを付け、フックに掛けてディナーに出かけたのですが、帰ってみると、クッキーはドアのところで跳ねて待ち受けていました。ハーネスが頭からスッポリ抜けてしまっていたのです。

ケージなどに入れず、フリーな状態での留守番は、危険なばかりでなくストレスも大きいので良くない、と飼育本に書いてありました。全くそのとおりで、その夜、クッキーは神経過敏になっていました。カアサンの身動き1つにも反応して、一時も離れない、ついて回る。いつにもまして不安な留守番だったようです。

次回の旅では、乞晴天。

足を洗う

2011年12月13日
クッキー4才9か月

散歩から帰ったとき、以前は、クッキーの足をウェットティッシュで拭いていました。でも、あるとき、買い物から帰って拭くと、何回拭いてもティッシュが真っ黒。浴室で洗ってみると、真っ黒い汚れが出ました。何だろう？

いつもの原っぱでの散歩帰りには、こんなことはなかった。クッキーを連れて商店街へ行くことは、たまのことだったので、気づかなかったけれど、結局、道路の排気ガス系の汚れとわかりました。

石原慎太郎都知事が実施されたディーゼル排ガス規制のおかげで、近年、黒い排煙に燻されることはほとんどなくなりました。それでも、車の多い道路では、ほんの十数分程度の出歩きでも、これだけの汚れが付くのです。クッキーは、常にトウサン・カアサンを全力で引っ張って踏ん張り、路面を強く蹴って走るので、汚れもしっかり付くのでしょう。

それ以来、外出帰りには、浴室で足を洗う習慣になりました。

でも、ワンコの足を洗うって、欧米ではどうなんでしょう。欧米には靴を脱ぐ習慣がないから、人々は玄関ドアからそのまま室内に入る。床は、道路の延長線上みたいに見えるけど、幼い子供を含め、ファミリーが、床に座ってくつろいだりしている光景をテレビで見かけます。

あんなデカイ靴が土足で室内に入るのだから、ワンコの小さな足を洗うなんて、あり得ないでしょう。その意味で、欧米のワンコは楽ですね。

でも、クッキーは〝日本人〟だから、靴は履かなくても日本の文化に従って、足を洗ってもらいますよ。

だいたい、欧米には〝土足〟なんていう概念、ないでしょうね。和英辞典を見ると、〝with one's shoes on〟となっています。文字どおり「靴を履いて」ということですから、日本人が感じる、良からぬニュアンスとは、チョット違うようです。日本では、「靴を履いたままでいいですよ」とは言われても、「土足でいいですよ」とはあまり言われませんからね。

でも、考えてみたら、靴を脱ぐってことに、どういう意義があるの？　靴を履いたままの生活が、健康に、あるいは寿命に何の影響も与えないことは、欧米人の長い長い歴史の中で明白に実証されている。だいたい、明治以降の文明開化、西洋化の奔流の中にあっても、靴を脱ぐ生活様式が大原則として揺るぎなく守られてきたのは、ひょっとして、何か宗教的な理由でもあったのかしら？　それとも、単なる民族的な〝潔癖症〟？
まあ、靴や下駄で踏みつけるには柔に過ぎる畳を敷き詰めた日本家屋、畳に座り、畳に寝具を敷く、などなど、靴を履いたままの生活が簡単には浸透しなかった事情は、いくらでもありそうですが。

何はともあれ、靴を脱ぐ生活が守られてきてよかった。掃除が大変！
掃除の苦手なカアサンにとっては、靴のまま歩き回られるなんて耐え難いし、大体、足蒸れない？　臭くならない？　水虫大丈夫？　帰宅して靴を脱いだときの開放感、くつろぎ感は大きいですしね。

クッキーや、足を洗ってもらうことには、そんな事情があるんですよ。

東京駅舎

2012年1月5日
クッキー4才10か月

大晦日31日午後、クッキー一家は、久しぶりに湘南海岸へ出かけました。まずは、湘南海岸公園。

穏やかな日和、起伏のある広い芝生広場、石タイルのテラスや遊歩道が砂浜に連なり、果てしない海と、果てしない空の間に今いるってことだけで、人だって、ワンコだって、爽快そのものの気分になるはず。

道路を挟んだ公園の向かい側の小さなカフェ。テラス席がワンコ可なので、遅い昼食にしらす丼を食べました。おいしかった。その後、公園へ戻って、ひとしきりクッキーと遊び、西の空が赤く染まり始めた頃、鎌倉・鶴岡八幡宮方向へ走ります。１３４号から鶴岡八幡宮へ向かう道路は、あと数時間すると進入禁止になるけれど、まだ大丈夫。

八幡宮は、大晦日というのに、かなりの人出でした。それでも、ゆっくりとお参りをして、お守りを買ったりできる。一夜明ければ、本殿の真ん前でお参りするなんて難しいし、上りはともかく、もみくちゃになりながら急な60段の階段の下りはチョット怖い？
でも、大晦日のお参りって、有りかしら？　無事に過ごした1年の〝お礼参り〟??〝先参り（?・）〟っていうのが有りならば、ありがたいけど。〝初詣〟の代わりにはならないでしょうね。たった1日違いなのに、1年の重みの分だけの違いがある。

その、一夜が明けて、元日、クッキー一家は、2年ぶりに皇居前に出かけました。クッキーは、広場のように広い行幸通りを、独り占め。寒いけれど、気に入った様子。

東京駅の駅舎は、まだ、工事中のシートに覆われていました。シートの上に、シックな色味のドームの頭が覗いています。今朝のNHKニュースで、今年の10月オープンと言っていました。格調高く優美な姿と、シックな色味の駅舎が、白い行幸通りを挟んで、皇居

の緑と対峙する景色は、さぞかし美しく、東京の玄関としてまさにふさわしい、一服の絵となることでしょう。

ブルースカイの下で訪ねたいな、と思います。

金環日食

2012年5月30日
クッキー5才3か月

5月21日の金環日食、我が家で、いながらにして鑑賞できるなんて、嬉しい！

我が家の東側は、戸建て住宅地域になっているので、何の障害物もなく、視界は開けているのです。

7時過ぎ、全体に薄曇り気味だけど、日差しもあって、ラッキー！　日食メガネを覗くと、オォー！　太陽はすでに右上から欠け始めていました。

早々と、去年の12月から引き出しにスタンバイしていたメガネの出番です。デパートの、通りかかりの売り場でふと目にとまった「日食」の文字。「へェー、来年、日食があるんだ」、現実感はないけれど、とりあえず購入。

メガネは持ってる！　余裕しゃくしゃくで、この朝を迎えました。

あせったのは、３日前、「写真を撮りたい！」と気づいたことです。日食撮影用のフィルターがあるらしい。

トウサンに、家電量販店に行ってもらいました。１万円まではしないでしょうね、と思って出かけたけれど、２万数千円もするとのこと。手持ちが足りなくて、取り置きを頼んで（残り少ないとか）帰ってきました。

トウサン曰く、「たった1回のために、高すぎない？　天気もどうかわからないし、みんなが、いい写真をいくらでも撮ってくれるよ」。

わかってないなぁ。自分で撮ることが楽しいのよ。でも、トウサンの言うことにも納得。フィルターは、あきらめました。

が、ふと気づいて、カメラのレンズの前に日食メガネを重ねてみると、視野に、しっかりと太陽が入っています。三脚があれば、撮れるかも！

慌てて車から三脚を持ってきたけど、カメラとのアダプターが見あたらない。あちこち探したけれど、ない！　ない！

手持ちのままシャッターを押してみると、手ぶれで、丸いお月様のような画像になってしまう。その間にも、刻々と日食は進んで、見事な金環が……。

なんという自然の造形美でしょう！

太陽系の1つの星である地球の上に立って、いつもはほとんど意識することのない、想像もできない宇宙のドラマの1コマを目の当たりにし、体感できたっていうことは、なんと幸運なこと。

それにしても、月が太陽を完全に通過するのには、1時間以上もかかったのに、金環の状態はほんの1、2分間。地球の自転や公転、月の動きやら、距離やら、何か複雑な理由があるのでしょう。


ところで、金環ショーが終わってしまってから思い出しました。例の三脚のアダプター、この間モズを撮ったときに、望遠レンズに取り付けた、っていうことを！

確かに、ありました！

ああ、なんというドジ!!　大体、望遠レンズが使えたはずじゃない！

今回のような広域で、金環日食が見られる次の機会は、３００年後ですって。

クッキー、残念ねー。カアサン、３００年後は、自信ないよ。

フェラーリ

2012年6月20日
クッキー5才3か月

新緑の季節、クッキー一家の限られた旅行計画に従って、再び、箱根のホテルに出かけました。

今回は、連れがあって、4、5人用の、2室付きコテージを予約。2室付きのコテージは、2人用のコテージよりずっと快適。それぞれにトイレと洗面が設備されて、独立性の高い2室と、結構広いリビング、そして、4人家族でもゆったり入れそうな浴室（温泉ではないけど……温泉は大浴場や貸し切り風呂がありますよ）。

レストランの食事も、デリバリーの朝食も、期待どおりのおいしい味でした。

翌日、昼前にチェックアウトして、例のとおり、芦ノ湖にあるパノラマパークへ。この日は、いつになく駐車場が賑わっていました。

ふと見ると、色違いの同じ型の車がたくさん並んでいる。国産のスポーツカーだとか。同好グループのツーリングなのでしょう。オーナーさんたちが、草地に車座になってくつろいでいました。

このグループ以外にも、これまでになく多くの車が入って、広大な緑の草山のそここに、ファミリーの楽しそうな姿が。いつも、この程度の賑わいがあれば、構内道路のメンテなどできるのでしょうけど……。

草山で遊んだ後は、いつも、パーク入口のワンコ可レストランで食事をします。かなり広くて、ワンコにも寛容、昼食にはとても便利。ところが、そのレストラン、閉店になっていました。残念。トウサンが料金所の女性に聞いたら、老朽化で耐震の問題などに対応できない、とのこと。

で、「この近くで犬と一緒に入れるレストランはありませんか？」。エッ？　泊まったホテルか、コンビニだけですって。確かに、ホテルのカフェテラスは、ペットと同伴できるのだけれど、さっき出てきたばかりですからね。

仕方ない。——昨日立ち寄った展望台のレストランで何か食べられるんじゃない?という、トウサンの提案で、展望台へ向けて出発。

かなり空いた有料道路を登っているとき、突然、トウサンが「あ、止まった、どうしたんだろう」。ドアミラーを覗くと、少し離れて後ろについてきていた連れの車が、ハザードランプを点灯して路肩に止まっています。追い越し禁止の片側1車線の道路、トウサンも、すぐに車を路肩に寄せて止まりました。

次の瞬間、赤い車と白っぽいポルシェが、あっという間に追い越していきました。追い越させるために止まったんだな、ってわかって、すぐに運転再開。

その先の展望台の駐車場に入って聞くと、

「急にデカイ音がして、何だ?って思ったら、後ろからフェラーリが来た」

「最高ランクのフェラーリ」

バブルの頃は1億円して、今でも5千万円近くするのだとか。

そんな話をしているところに、またしても、赤い車が入ってきました。さっきの車ではないけど、同じ種類のフェラーリですって。

人目を引いてました。

その駐車場には、ランボルギーニもあったと、連れが言っていました。ショーウィンドウの中ではなく、実際にスーパーカーが走っているっていうのは、すごい！

展望台のレストハウスには、ペットカフェが用意されていて、ミニテーブル付きの椅子があり、店内で購入したラーメン、そば、パスタなどのランチを持ってきて食べることができました。

大きな雲に覆われて、展望台からの富士山が見られなかったこと、それが、次への宿題となりました。

白目がある

2012年7月17日
クッキー5才4か月

動物の中で、白目があるのは、人と犬だけなのだとか。

そう言われてみれば、確かに犬以外で白目のある動物は思い浮かびません。野生動物に白目がないのは、目の表情から敵に行動をさとらせないためという説もあるようですが、本当かどうかわかりません。

ワンコは、瞳が大きいから、正面から見ると白目が見えないけれど、横を向いたり、振り返ったときには、しっかりと白目が見える。白目があることで、ワンコの表情はとても豊か。

クッキーも、いつもキョロキョロ。そして、正面から黒い瞳をまっすぐに向けてきたとき、下から見上げてきたとき、振り返って瞳を向けてきたとき、彼女が、しっかりとカアサンの瞳を捉えていることがわかります。

そう、彼女がアイコンタクトを求めてきていることが、はっきりとカアサンに伝わるのは、間違いなく、白目があることによるのでしょう。

今、話題のパンダ。姿や仕草がとてもかわいいことで人気です。だけど、ただ黒いだけのパンダの目にいくら視線を向けても、その表情を捉えることも彼女の心の動きを受け止めることもできそうに思えません。

また、テレビで活躍しているチンパンジー。本当に賢くて、身体能力抜群。人間のリクエストにも応えてくれます。まるでヒトの言葉を理解し、コミュニケーションもスムーズにできているみたい。

だけど、本当にその黒い瞳としっかりアイコンタクトがとれているのかしら？　ずっとずっと、アイコンタクトをとり続けて、心を通わせていけるのでしょうか？

その点、ワンコは違います。しっかりとしたアイコンタクトがとれて、ことばの理解があって、触れ合いがあるから、単なる〝かわいい存在〟〝愛玩動物〟を超えた、心を許せる家族になります。そしてワンコも、ヒトに対して、深く揺るぎない信頼を抱くことになるのです。つまり、ワンコは、単に「かわいいね」という気持ちや愛情を伝える対象ではなく、人に、「いつでも味方だよ」と伝えてくれる存在なんだなあ、と思う。

人と犬が、揺るぎない信頼と、強い絆を結ぶことができる、っていうことは、やっぱり、動物の中で〝唯一〟、白目を持つ種であることと、無縁ではないのかもしれません。

夏こそ靴下を

2012年8月7日
クッキー5才5か月

〝夏は暑いんだ！〟って、当たり前だけれど、やっぱりキツイ！　ことに、昨夏以来の〝節電〟〝節電〟プレッシャーには、降参！

〝節電〟を楽しむ人もいるらしいけど、凡人は、なかなかその境地には至れません。エアコンの快適な涼しさを一旦知ってしまった人間の体は、なかなか、その誘惑に勝てませんからね。

でも、去年、いつだったか、テレビで放映された節電前後の日本列島の夜の衛星写真、節電後に光度がかなり落ちているのを見て、日本人の頑張りを実感したっけ。ネオンサインなんかなくてもいい、都会の夜がきらびやかでなくてもいい、と思うけど、みんな、営業や何か、それぞれに必要なのでしょうね。

地球上の小さな日本！　この小さな島に住む人々が、パタパタ左うちわで我慢すれば、単に国内の電気事情だけでなくて、地球の温暖化という困った流れにも、少しは寄与することになるのでしょうか？

とにかく、たったの2か月、あまり意識過剰にならないで過ごしたい。日本ってありがたい。その先には、爽やかな風がスタンバイしているのですからね。

ところで、毛皮を着込んだワンコは、もっと大変。

クッキーの散歩も、夕方近くにシフトしました。夏の炎天下では、舗装道路の表面温度が56℃にもなって、マンホールのふたはもっと高温、路面から3㎝離れても46℃程度になるのだとか。今は、道路の耐熱性も向上したのでしょうけど、以前は、アスファルトが溶けているのを見かけることがありました。アスファルトの融点は50℃前後ということですから、確かに、そんな高温になっているのですね。人間だったら到底耐えられそうにない、というより、ヤケドしてしまう。

そんな道路を、〝ハダシ〟で歩くワンコは、如何ばかり‼　丈夫そうとはいえ、彼らの肉球は、耐熱性までは想定されていないでしょうからね。

クールビズ（クッキーも1着持っている）とか、クールバンダナとか、ワンコ用にもいろいろなグッズが出ているけれど、足下のケアについては、聞いたことがない。

ワンコの熱中症も増えているとのことだけど、体幹だけじゃなくて、足に直接受ける、路面の灼熱の影響も大きいのではないかしら？　ワンコは、「熱い‼」って言えませんから。

だから、ワンコにも靴を‼　靴下を‼

我が家のクッキーも靴下を持っています。ある冬の日、「道路、冷たいからね」。

でも、ちょっと過保護みたいでかっこわるいから、「災害の時に、足を保護するのにいいかも」と、自分に言い訳して、買ったのです。


1度、試しに履かせてみました。でも、被毛が長く、動きの激しい彼女には、ムリでした。すぐに脱げてしまう。で、それ以来、防災リュックの中に、お蔵入りとなっています。

だけど、その靴下！　夏こそ出番！かも。靴下（靴）を履けば、路面からの灼熱もかなり和らげられるはず。

そうです、炎天下の街を歩くワンコには靴下（靴）を！

チョット漫画チックだけど、冬の靴下とは違います。


いつか、靴を履いて歩いているワンちゃんを見かけました。連れの方に聞いたら、「娘が、足が汚れるからって言うので」とおっしゃっていました。ウーン、そういうのもあるんだー。

以前、ニュースで、手作りの靴を履いて活動する災害救助犬を見たことがあるけれど、夏の炎天下だって、靴下（靴）は必須アイテム、と言っていいのかもしれません。

クッキーの好きなクッキー

2012年8月28日
クッキー5才6か月

少し前、新聞に、手土産にしたいクッキーのランキングが載っていました。味の他、缶のデザインなど、相手が受ける印象も加味して、専門家10人が評価したものだとか。1位は、本格フランス菓子店のクッキー缶でした。通販でも買えるようなので、そのうち食べてみたいと思います。

クッキーの種類は、本当にたくさんあって、どれにしていいかわからないけど、詰め合わせならば、味、食感、香りなど、バラエティに富んだのが楽しい。1位の商品も、そういう詰め合わせとのこと。

そのランキング（10位まで）には入らなかったけれど、他に名前が挙がった中に、日本で初めて「クッキー」という名称を使用した、老舗洋菓子店のクッキーがありました。

そのお店のクッキーは、多分、他のものとはチョット違うかもしれない。ほとんどのクッキーは、バターたっぷりのサクサク食感だと思うけれど、そこのは、硬い食感で、どちらかというとビスケットに近い（英国では、クッキーのことを「ビスケット」と言うらしいので、紛らわしいけれど)。

でも、くせのない品のよい味。子供の頃に覚えた味です。

大人になって、長い空白があって、十数年前、デパ地下で見つけました。そのときから、また、お付き合いが始まりました。


そのクッキーは、我が家のクッキー(アァー、ややこしい! 以下、「うちのワンコ」って言います)の好物でもあります。うちのワンコは、今まで、ワンコ用を含めて、クッキーというものに、全く興味を示しませんでした。それが、あるとき、カアサンが食べていたクッキーのカケラを差し出すと、サクッと食べたのです。

それは、長さ５㎝、幅１㎝程度の細長い小さなクッキーです。それ以来、彼女のお気に入りになりました。カアサンが、戸棚からクッキーの袋を取り出すと、そのガサガサ音を聞きつけてすぐにやってくる。

鼻面でぐいぐい押して催促。１つ貰うと、急いで気に入りの場所に持っていく。すぐに食べることもあるけど、たいがい、くわえて持ち歩いたり、放り投げて遊んだり、そばに置いて一休みしたり、でも、絶対盗られないように、見張っている。

大体、おやつに３つあげています。サクサクと１つ目を食べると、「まいう!」なんでしょう。あと2つあることを知っていて、テーブルの周りを走り回ったり、ジャンプして覗いたり、アピールが足りないなと思うと、カアサンに向かって「ワン！」と催促。

同じお店のクッキーでも、他のは食べない。どうして？　成分表を見ると、目につくのは「ジンジャー」と「無糖練乳」。

ジンジャーは、感覚をよっぽど集中させて味わってみると、「なるほど」と、わからないでもないけど、まさか、彼女がジンジャーをお好きだとは思えない。やっぱり、「無糖練乳」でしょう。

カアサンは、においをかいでも、食べてみても、わからない。でも、彼女は、彼女にわからないようにしてテーブルの上に置いたクッキーを、鼻をヒクヒクさせながらやってきて、テーブルの上に顔を突き出して見つけ出す。

たった1つ、クッキーの好きなクッキー。

おまけに、彼女は、クッキーを3つたいらげると、必ず水を飲む。ヒトが、おやつの後にお茶を飲むように。

なんだか、とても人間くさくて、おかしなクッキーです。

クッキー ピンチ!

2012年11月13日
クッキー5才8か月

クッキーに、およそ半年ごとのヒートが巡ってきました。その間は、散歩でも、なるべくヒトやワンコと接触しないようにしています。広い原っぱなら、まず、大丈夫。

その日も、原っぱの片隅で遊んでいました。ふと見ると、向こうからおじさんを引っ張りながら、茶色のワンコが、クッキーめがけて突進してきました。

大きな顔、がっちりしたガタイ、40か、50キロはありそうなデカ男くん。やってきた彼は、クッキーにお近づきになりたくて必死。彼がクッキーに飛びつかないように、おじさんが、なんとかふんぞり返ってリードを握っている。

デカ男くんは、大きな口からよだれをたらし、うめき声ともなき声ともつかない声を絞り出して、クッキーに迫っている。「遊びたいんだね」とおじさん。

頭をブルンと振ったデカ男くんのよだれが、カアサンの髪の毛に飛びました。悲鳴はなんとか呑み込みました。

クッキーは怖がって、抱いてもらおうとトウサンの膝に何度も飛び乗ろうとするけど、トウサンは、その度に地面に降ろしてしまう。遊ばせようってこと⁉

たまらず、「抱いて‼」と、トウサンにきつく言って、トウサンも、やっとクッキーを抱いて立ち上がりました。

デカ男くんは、トウサンの体を支えに立ち上がって、下から突っついている。「女の人だと、ひっくり返っちゃうことがあるんだよね。力が強いから」と、おじさん。

……トウサン踏ん張って‼

やがて、デカ男くんとおじさんは、あまりウェルカムでないクッキー一家を見限って、引っ張り合いながら退場しました。カアサンがクッキーのピンチについて文句を言うと、

トウサンは、「あー、そうか」と、やっと気づいた様子。

やれやれ、おじさん族というのは、なんと脳天気なこと（失礼）。

それから数日後、静かな住宅街を歩いていると、道路脇の家から出てきた、おしゃれな洋服を着たチワワくん。クッキーを認めるなり、切ない声で鳴きながら、追いかけてきました。クッキー一家は、逃げる！　逃げる！　チワワくん、ごめんねー。

そして、ひと月かふた月後には、クッキーは、多分、ボールベビーを大事に世話しているでしょう。以前は赤か青のボール、前回は、赤と青のボール２つ、つまり双子でした。今回は、黄色のボールでも加わるのでしょうか。

バク走・バク跳び

２０１２年12月11日
クッキー5才9か月

時として、クッキーのタフさに驚かされることがあります。彼女は、家の中でも激しい活動をするので、いつかケガするのでは?って、気にはしているのですが。

彼女は、発作的に猛スピードで走り出すことがある。ゴタゴタと置いてある家具や物の間をすり抜けて、猛ダッシュで走り回る。

床に敷いた樹脂パネルを蹴散らし、急ブレーキ、急Uターンもなんのその。そんなとき、カアサンは壁に張り付いて、1、2分間、嵐が収まるのを待つだけ。

ぶつかると、お互いに危険ですからね。

2、3年前まではしょっちゅうだったけど、今も、時々突然に走り出すことがある。例えば、散歩から帰って足などを洗った後。

その日も、足などを洗って、ドライヤーで乾かしていました。彼女は、ドライヤーは嫌いだけど、呼ぶとやってくるので、彼女の動きに合わせながらドライヤーを当てると、抵抗なく乾かすことができるのです。そのとき、突然、彼女がダッシュしました。運悪く、カアサンが手にしたドライヤーのコードが、コンセントの位置との関係で、通路をまたぐ形になっていたのです。

足が、もろにコードに引っかかって、「ギャオー‼」、クッキーは、すさまじい声を上げました。

「ワアー、やってしまった！」

でも！　でも！　クッキーは、コケることもなく、走り続けました。何事もなかったように。

後になって、足が痛いだの、腰が痛いだのってこともなかった。

コンセントに差し込んだプラグの金具が曲がっていたことが、衝撃の強さを物語っていたけれど……。

また、ある日、クッキーをトリミング台に乗せて、くしで被毛を梳かしていたとき、玄関で、ピンポーンが鳴りました。ピンポーンは、我が家の〝ガードワン〟の出番、ワンワーンと叫ぶと、いつも、反射的に玄関に飛び出します。

でも、そのときは、トリミング台の上。まさか、と思う間もなく、彼女は、トリミング台を蹴って、玄関に突進していました。高さ80㎝。70㎝近くのテーブルから、ストンと床に飛び降りることは時々ある。トリミング台からも、梳かれるのをいやがって床に下りそうな様子を見せることがあって、危ないな、と注意はしていたのです。

だけど、ストンと下りるのではなくて、ソファーのアームを蹴って飛び出すのと全く同じように、トリミング台を蹴って、玄関に突進。一瞬のことで、クッキーを抑える間もなくて、ただ、唖然、ビックリ。

でも、彼女は、ケロッとしていました。むろん、無傷です。

ああ、クッキーや、あなたは、なんというタフ。あなたの骨や筋肉がタフだってことはよくわかったから、カアサンをギョッとさせるのは、もうおしまいにしてよ。

年の初め・終わり

🐾

2013年1月7日
クッキー5才10か月

元日は、穏やかな晴天に恵まれました。

そして、クッキー一家にとってもう恒例となった、大晦日の湘南ドライブと、元日の皇居前広場散歩。

大晦日の昼過ぎ、さすがに、幹線道路にトラックなどの大型車はほとんど見あたらなくて、週末ドライバーにとってはありがたい。

それでも、海沿いの134号は、結構車が多かった。

クッキーは、いつもと違う外の景色に興味津々らしく、窓に張り付いていました。


湘南海岸公園の駐車場に車を置き、まずは、腹ごしらえ。去年入った、道路向かい側の店でしらす丼を食べたかったけれど、残念、お休みでした。犬を連れて散歩していた人に聞くと、近くにある2つのファストフード店なら、テラス席に入れるとのこと。

で、その1つに入ってタコライスをオーダー。

テラス席の端っこに、食べ終わった食器類の置き場所があって、2羽のカラスがつついていました。タコライスが運ばれてきて、食べていると、そのうちの1羽が、手すり伝いに近づいてきて、横目でジロリ。うまそうな食べ物を、しっかりとチェックしたらしい。

「ガー子なんかにあげないからね」

1粒も残すまい、と思ったけど、辛いタコライス。ついつい、ガー子の思うつぼで、少し残ってしまいました。

食器置き場に置けば、ガー子め、当たり前、という態度でやってくるに違いない。

だけど、ガー子は、辛いタコライスを食べて、どんな顔、どんなリアクションをするのかしら？　ギョッとして飛びのく？　ひょっとすると、食べ慣れていて好物になっちゃっているかも？　それとも、辛みを感じる細胞を持っていないのかな？

とっても興味があったけれど、そんなばかげた観察に、連れの二人が賛同するはずがないので、心残りながら、店を出ました。

浜に出ると、海はエネルギッシュに泡立っていました。日差しはあるけれど、風が強く、白く泡立つ波のラインが、幾重にも幾重にも連なって、切れ目なく浜辺に押し寄せる。

サーファーたちも手こずっているようでした。

クッキーはといえば、海が荒れていようが、風が強かろうが、広い芝生地さえあればご機嫌、防砂柵に囲われた広い芝生地を存分に走り、跳びまわる。

ひとしきり遊ぶと、もうすでに、陽は傾いていました。地平線の淡い山陰にまばゆい陽光が吸い込まれ、空や雲があかね色に彩られていくひとときを、浜辺で、多くの人々とワンコたちが見守りました。

二度と戻れない２０１２年、何はともあれ、無事をありがとう。

思いがけず、稲村ヶ崎で美しい夕日に出会いました。年の納めの入り日です。

元日の東京駅

2013年1月23日
クッキー5才10か月

元日の午後、例のとおり、東京駅に向かって出発しました。新丸ビルの駐車場に車を入れ、行幸通りに出て振り返ると、目の前に、新装なった東京駅舎の優雅な姿が。中央玄関部から左右に長々と延びた翼の両端に、ドーム屋根がそびえて、安定感のあるフォルム、落ち着いてシックな色合い、イイ感じです。

気づいたのは人の多さ。前2回は、行幸通りに人影はほとんどなく、クッキーにとっても、貸し切り状態でした。ところが、この日は違いました。多くの人が行き交い、人々のお目当てが駅舎であることは瞭然。

帰省の途中か、観光の途中か、キャリーバッグを引いている人も多かった。みんな、一様に駅舎を眺め、写真に収めていました。東京駅舎は、すでに観光スポットとなっているらしい。

人が多いとはいえ、駅舎の眺望を妨げるほどではない。普段だったら、人混みの中で、左右に長い駅舎全体を一望するのは、難しいでしょうね?

ライトアップされた姿も見たいので、それまでの時間を、クッキーと散歩することに。

彼女は、駅舎に興味はないでしょうからね。

松の木が思い思いの姿で佇む足に心地よい芝地広場で、例のように走り、跳び、クッキーは、長いドライブの疲れを癒やしました。

彼女の気が済むまで遊んでから、人の流れについて、広場の奥に向かいました。行き止まりの柵の向こう、20ｍほど先に、橋脚の2連アーチをお堀に映したクラシックな橋が見えます。これが、皇居正門へ通じる、かの名高い二重橋なんですって。

（でも、後で調べたら、本当は、2連アーチの石橋の向こうに架かっている短い鉄橋が、二重橋というのだそうです）

クッキー一家全員、初めて。で、クッキーと一緒に記念写真をパチリ。

外国人を含むたいがいの人が写真を撮っていました。

広大な広場では、無数のコーンを並べて、誘導路が準備されていました。明日は、この広場が参賀の人で埋め尽くされるのでしょう。

暮れかかった広場を後に、駅舎の方へ戻ります。

駅舎は、すでにライトアップされていました。空が暮れていくにつれて、刻々と駅舎の姿が、明るく輝いていきます。明るく浮かび上がった優雅な姿は、また、格別でした。

パンくず

2013年2月27日
クッキー6才0か月

雪の日に出会ったツグミちゃん、原っぱの雪が完全に消えて、人々が戻ってきてからは、周辺の枯芝地や林の中で、採餌している姿をしばしば見かけます。ツーショットの場合もあるし、かなりの個体数がいるらしい。

去年、この緑地帯で出会ったモズくん、この冬も緑地帯に来ていました。最初に見かけたのは、12月29日。広い原っぱとは道路を隔てた林の中で、餌を採りにフェンスからするどく舞い降りる姿。

あっ！　モズくん！　再会できるなんて、嬉しいことです。それにしても、早い！　もう1年経ったんだ。

去年撮影した枯芝地は、いつも賑わう広い原っぱとは違って、誰もいないことが多く、クッキーが気兼ねなく走り回れる、気に入りの場所でした。ところが、今年になってからは、たいがい、数組の子供やファミリーが野球やサッカーに興じていて、クッキーの居場所がなくなってしまいました。

3方向がフェンスで囲われていて、手頃な広さがいいってことに、みんなが気づいたのでしょうね。だから、モズくんにとっても、この枯芝地は食事場としづらくなったはず。

ところが、ある日、ボール遊びをしている1組のファミリーだけだったので、クッキーも入口付近でチョット遊んでいました。ほどなく、ファミリーが引き上げたので、クッキー一家が芝地の中央方向へ入っていくと、7、8m範囲に、何かたくさん落ちてる。ちぎったパンらしい。早くもクッキーが関心を示してチェックに行こうとするけど、パンの素性や、ばらまいた（?）意図もわからなくて、気持ちが悪いので、他の場所へ移動しました。

しばらく遊んで、帰りにその枯芝地を通りかかると、10羽ほどのムクドリが熱心に地面をつついている。あのパンです。文字どおりの跳び蹴りで、奪い合ったりもしている。そこに、ハクセキレイのペアが乱入して数羽のムクドリを蹴散らしてパンを確保。（へー、セキレイの方が強いんだ?!　ムクドリって、カラスの弟分みたいで強そうだけどねー）

ふと芝地の奥の方に目をやると、色味の違う小さな鳥が……。フォーカスしてみると……、モズくん!!

大きな兄貴たちを横目に、しっかりパンと取り組んでいる。さすがに、警戒しているのか、早々に切り上げてフェンスの上に戻り、兄貴たちのにぎやかなディナーを眺めていま

した。

今年も、同じ場所でモズくんと会えたことは、とてもラッキー。この緑地帯でたっぷり食べて、しっかり栄養をつけてね。

翌日、遠目に見る限り、その枯芝地にパンのかけらは見あたりませんでした。でも、くずでも残っているのでしょうか。一番奥まったフェンス際に、数羽のムクドリが集まっていました。そして、１羽のツグミちゃんの姿もありました。

今回のパンの件では、思いがけず興味深い光景を見せてもらいました。だけど、やっぱり、チョット不安ですね。

大きなちぎり具合からすると、鳥に与える目的ではなかったようですが、何か別の目的で置いたのだったら、帰りにはちゃんと片づけてほしかった。

その後、モズくんにも、何回か出会いました。仲間もいる様子。可愛い鳥たちとの出会いは、この時期限りの嬉しいプレゼントです。

落としちゃった

2013年3月19日
クッキー6才0か月

トリミングの帰り、クッキーを抱いていたトウサンが、バタつく彼女を道路に落としてしまいました。

「キャン　キャン　キャン‼　痛い　痛い　痛い‼」

すぐに、かかりつけの病院へ連れて行き、レントゲンを撮った結果、素人目にもわかる右後ろの〝股関節脱臼〟でした。日曜日を挟んだ週明けに、手技で関節をはめる処置をやっていただきましたが、2時間かけて2回入れたけれど、レントゲンを撮る間にすぐに外れてしまうとのこと。

結局、大学病院で手術など処置してもらった方がよいでしょう、ということになり、その夜は、そのまま病院に入院。翌日、先生が近くの大学病院に電話してくださったけれど、予約はなんとひと月先。

（ひと月も待たなければならないんだ……ひと月もほっておいて大丈夫なのかしら？　痛々しい姿の彼女を、どうやって1か月も世話したらいいんだろう）

足への負担を和らげるために、ソファーへ上がるステップを用意したり、いろいろと工夫をしました。夜、彼女が寝るカアサンの布団の上は高すぎるので、彼女のトイレに近いリビングの床暖房を軽くつけて、薄いマットを敷き、毛布2枚という軽装で、1か月間をクッキーと過ごしました。

鎮痛剤を数日飲んで痛みの治まったクッキー自身には、ケガの認識は全くないのでしょう。以前と同じように、走り、跳ぶように行動しようとして、ヒヤヒヤ。走るときは、右足を上げてケンケン。歩くときは、右足を軽く床につけて、バランスをとる様子。

折角用意したステップなど無視して、ステップのないところから、ソファーに飛び乗ったり、飛び降りたり。ブラブラの右足が使えなくて滑り落ちたり。

指折り数えて、やっと診察日。翌日、傷んだ骨頭を切除して、擬関節の形成を誘導する手術を受けました。アスリート生命はもう断たれた、と覚悟したけど、数か月すれば、少なくとも普通の状態には戻れるらしい。

手術が終わった夕方、ＩＣＵのケージの中で、クッキーはまだ眠っていました。翌日の遅い午後、いつもの平日の夕食（ササミ＋かぼちゃ＋ミルク）を持って会いに行くと、麻酔から覚めていた彼女は、股関節を失っているのに、いきなり二足で立ち上がって、というより飛び上がって、〝病人とは思えない〟大興奮で飛びついてきました。

　看護師さんが「缶詰などを与えても、まだ何も食べないので……」とおっしゃる。早速、持参したごはんを与えると、ぺろりと食べました。手術の前日からまる2日だから、空腹だったでしょうね。


　翌金曜日から日曜日までは面会できないので、ごはんのことも心配だったけれど、電話で聞くと、この間の看護師さんがササミとかぼちゃのごはんを用意してくれて、クッキーが食べている、とのこと。手のかかるワンコなのに、本当にありがとう。

　週明けの月曜日から水曜日も、ごはんを持って会いに行きました。彼女は、相変わらず大興奮。そして水曜日、先生から、こんなに回復が早いのは珍しい、しっかり歩いてる、と言われ、リハビリも必要ないので、今日帰ってよいですよ、と嬉しいことば。

　2週間の予定が、7泊8日で退院しました。まあ、極端に怖がり、食事もうるさい、手のかかるワンコなので、看護師さんたちもホッとしたことでしょう。

　彼女は、一緒に帰れることでホントに喜んだけれど、少なくとも8日後の抜糸までは、エリザベスカラーを付けた不自由な生活を送らなければなりません。

余談ですが、クッキーのいない土曜日、トウサン・カアサンは、有名なシェフの中華レストランに出かけました。彼女が家に来て以来、二人で出かけるのは、必要最小限に限られていたので、ホントに久しぶりのディナーでした。

油と濃い味という、中華料理のイメージとは違う、やさしくて深い味わい、とてもおいしかった。シェフの店は、赤坂に2、3あるらしいけど、この日はちょっとした宴会があったためか、シェフご自身が、この店で仕切っておられたらしく、食事中、全てのテーブルに挨拶してまわられました。テレビで見た顔が現れて、ビックリ。人柄の良さそうな方でした。きっと、お客さんを大切にされているのでしょう。お料理ともども、とても満ち足りた気持ちになりました。

手術後1か月

2013年4月12日
クッキー6才1か月

回復が早いと言われたけれど、家に帰ってきた当初、右足は不安定で、走るときは、手術前と同じように、ケンケン。チョット不安でした。とにかく、手術までのひと月余りの間に、右足の筋肉がすっかりやせてしまっていたので、元に戻るのに時間がかかるだろうな、とは思っていました。

でも、術後13日目の抜糸の時にも、先生の評価は○。他の子より、ずっといい。活発な子だからなのでしょう。

目に見えて回復が感じられるようになったのは、術後4週目前くらいから。右足がしっかりしてきて、ケンケンも少なくなってきました。

腰から右足首にかけて被毛が剃られて、骨付きチキンのように生々しかったけど、今は被毛が成長して、手術痕もすっかり覆われました。術後ひと月目に、やっと、すっきりトリミングしてもらうと、もともと短くカットされていた腰のあたりは、もう剃毛していない部分と見分けがつかないくらいになりました。だけど、もともと被毛を長目にカットしていた足の部分は、左右同じになるのに、まだまだ2、3か月かかりそう。

以前、被毛が伸び続けるワンコを不自然な生き物と言いましたが、こんな時には、被毛が伸びるって、ありがたい。被毛が伸びにくい種類のワンちゃんに、サマーバージョンでクールビズカットをしたら、その後、元に戻らなくて困った、という話を聞いたことがありますからね。

術後1か月、ケンケンもしなくなって、四本足でしっかりと走る。まだまだ頼りないけど、右足に体重がかかり始めてもいる。

でも、触ってみると、左右のももの筋肉は、まるっきり違う。1か月余りでこそげ落ちた筋肉は、1か月では、到底回復しないのですね。その1か月余り、右足をカバーしてきた左足の筋肉は、一層マッチョになったのかもしれないし……。

左右の筋肉のバランスが戻ることが、とりあえず回復のゴールかなって思っています。チョコボールぐらいの小さな骨（骨頭）が切り取られてしまったので、元の体に戻るわけではないのですが……。

多摩川中央公園

2013年5月8日
クッキー6才2か月

連休後半の初日3日、福生市の多摩川中央公園へ出かけました。

多摩川の河川敷に沿って整備された広大な芝生広場、高く大きな空、その高い空に鳥たちの明るい声が弾んでいる。小さな池、それに続くせせらぎの小川、花壇、バーベキュー設備の他には何もないけれど、それだけで十分。

ちょうど昼時、人々は、バーベキュー設備を囲んだり、芝生にシートを広げたり、池では子供たちが、網を踊らせ、ボールを追いかけたりしている。

数日前に行った昭和記念公園。いつも遊んでいる神代公園などに比べれば、広大な緑地に対して人の姿はまばら、なんとも開放感に溢れた、ぜいたくな空間。


公園から、草むらの細い道をたどっていくと、すぐに多摩川の岸辺に行き着きます。水は澄明で、流れは思いのほか速い。

川原の草むらには、名も知らない草たちが、ピンク、黄色、白、ブルーなど、さまざまな色と形の小さな花をつけて、それぞれの春を謳歌していました。川原で遊ぶ女の子たちの姿に、もう少し下流の川原で遊んだ幼い日々（カアサンにも幼い日があったんです‼）が、ふと思い出されました。

クッキーは、意外にも、すんなりと水辺に足を踏み入れていました。夏に来れば、ひと泳ぎできるかもしれない。

公園内や多摩川の岸辺からは、鉄橋を渡る青梅線の姿が見られます。撮り鉄さんには、興味深いかもしれない。

手術後1か月半の頃には、クッキーの走りやジャンプは、見た目、ケガ以前とあまり変わりないようになっていました。手術後2か月にもならないのに、すごい！　やっぱり、人間離れしている！　ただ、触れてみると、右足の踏ん張り力は左足に到底及ばないので、まだまだ要注意です。

御岳渓谷

2013年5月28日
クッキー6才3か月

クッキーが家に来て以来初めて、御岳渓谷に行ってきました。

本当は、その日、野川公園に行くつもりでした。だけど、駐車場が満車、小金井公園周辺もそれらしい渋滞があったので、急に思い立って、西へ西へ。

彼女がやってくるまで、御岳渓谷は、新緑の頃、紅葉の季節の折々に出かける、気に入りの場所でした。でも、広い原っぱがあるわけではないし、クッキーの趣味ではないでしょうね、ということで、全くのご無沙汰になっていました。

川岸の庭にたくさんのテーブルが置かれたガーデンは、和食のレストランがあることでも知られています。ちょうど昼時のガーデンは、以前と同じように、食事をする人たちで超混み合っていました。

ありがたいことにワンコＯＫだったので、相席のテーブルでひと休み。おいしい水で作られたうどんが好きなのだけど、余りに混んでいたので、持参のおにぎりで我慢。

ガーデンから多摩川べりの遊歩道に下りて、川に沿って散策。川の水は澄んで、流れは速い。流れの途中に置かれた岩や浅瀬では、白いしぶきが上がっている。カヌーやラフティングボートが、流れと競い合って、次々と下っていく。大きな岩を、ボルダリングする人たちが囲んでいたり……。

川の片側の遊歩道では、民家の庭がみな開放的で、色とりどりの花が遊歩道に向かって咲き乱れ、周囲の自然とやさしく連なっている。遊歩道には、カヌーを担いだり、ボルダリングのための布団（マット？）を背負った人たちも現れる。

あふれる新緑、川の流れの音、やっぱり、全て心地よい世界。以前は、１㎞余り上流のレストランまで歩いて、ちょっとおやつを、ということが多かったのだけれど、その日は日差しが強いし、行き交う人の多さにクッキーが萎縮気味だったので、途中のカフェで小休止して戻りました。

帰りに、売店でお豆腐を買いました。水が良いからでしょう、ここのお豆腐はとってもおいしい。昔、ガーデン内の湧き水が自由に貰えて、行列ができたりしたのだけれど、今は、やっていないのかもしれない。

ところで、散策中、きれいな鳥に出会いました。素敵なさえずりが、すぐ近くから聞こえたので、そばの大きく枝を伸ばした木を見上げていると、通りかかった女性が、「そこですよ」と指さしてくれたところは、足下！　その木は、遊歩道下の崖のようなところから生えていて、足下ぐらいの太い枝分かれ部分に、その鳥はいました。

今、まさに、口を大きく開けて自慢の美声を響かせていました。結構大きい、15〜20㎝ぐらい？　すぐ近く！

ビックリしてしまって、あせって、ピンぼけが多くなった。

その鳥は、目の周りの白い三角形が特徴的でした。見ている人たちからも、「目が三角」と言う声が上がっていましたから。

それからしばらくした頃、新聞をめくっていて、たまたまカルチャーセンターの広告ページの、「野鳥」という文字が目に入ったのです。普段、カルチャーセンターの広告を見る習慣はなかったのに、なぜか、この文字が目に飛び込んできました。

「野鳥の楽しみ方」、講師は、テレビや大学で講座を持つ、某野鳥の会のA先生。あの鳥の名前を教えてもらえるかもしれない！　講義1日、野外実習1日の2日だけ、というのも、三日坊主のカアサンにはうってつけ。

早速申し込みました。それから3か月余り、その講義を受けてきました。

先生は気さくで愉快な方でした。鳥ばかりでなく、生き物全てに関心と敬意を持ち続けておられる、と感じました。動機は不純だったけれど、とても豊かなお話を聞くことができてよかった。

さて、不純な動機の件ですが、先生は、一目見て「ガビチョウ」。もう1枚、ムクドリの群れの中にいた大きさや色の違う鳥、こちらは「コムクドリ」。さすがです！

ガビチョウ、ガビチョウ、……聞いたことない。家に帰って、早速ネットで調べると、たくさん出てきました。

中国南部に生息していて、その名も「画眉鳥」、美しい声でさえずり続け、他の鳥の声のマネもするのだとか。日本へは、美しいさえずりを愛でてペットとして輸入されたけれど、美しいとはいえ、よく響く大きな声が、日本では受け入れられなかった。で、業者が大量に放鳥して、繁殖したという説もあるらしい。特定外来生物に指定されているというのも、気の毒なこと。

定着した日が浅く、掲載されていない図鑑も多いとかで、家にある何冊かの野鳥図鑑にも載っていません。ガビちゃん、豊かな自然の中でこそ、またあの美しいさえずりを聞きたいですねえ。

ところで、それから数年後、昭和記念公園でも、彼らに出会うことができました。

フレンドリー

2013年6月25日
クッキー6才4か月

集合住宅内での、人との出会い。人を見かけると、彼女は反射的に、ハリのある大きな声で、吠えたててしまう。

出かけるときは、廊下に人がいないか確認、人が乗っているエレベーターはできるだけ避ける。緊張します。

「可愛いわね」と声をかけてくださる方にも、彼女は容赦なしで、驚かせてしまう。そして、カアサンへのひっつきぶりにも磨きがかかっています。


狭いウサギ小屋なのだから、どこにいたって同じはずなのに、カアサンがチョット移動するたびに、どんなに爆睡状態でも、飛び起きてくっついてくる。洗面所では、足下に寝そべり、トイレや浴室では、出てくるまで、ドアの外で侍っている。

事務室の浴室は使っていないので、いつもドアを閉めてあるのだけれど、隣接したトイレにカアサンが入ると、彼女は、両手に体重をかけて、浴室のドアをバンと押し開いて、中を確認。「誰か、怪しい者はいないか!?」。その都度閉めても、毎度繰り返し。貴女はS

Pなの？

　SPといえば、彼女は、遊び相手のトウサンにさえ、毅然と立ち向かうことがある。寝る前のリラックスタイムに、ソファーでカアサンが新聞などを読み始めると、彼女は、自分の本をくわえてきて、ひっついて寝そべりながら、本を読む（齧る）。

　だから、新聞はカアサンのもの、っていう思い込みがあるのかなあ？　トウサンに新聞を渡そうとしたり、取りに来たりしたら、クッキーは許さない‼　歯をむいて、すごい剣幕でトウサンにくってかかる。

　危ないので、新聞は遠くに投げたり、置いてきたりして、気づかれないように渡します。


　そういえば、ガソリンスタンドで給油中にスタッフが窓を拭いてくれるときも、クッキーは面白い行動をします。助手席のカアサンの膝に座っているクッキーは、ぞうきんが助手席側のフロントガラスやサイドガラスに回ってくると、歯をむき出して激しい勢いで、窓ガラス越しのぞうきんに向かって挑みかかっていくのです。

　みんな笑ってしまうけど、彼女は真剣、離れていくぞうきんを、キッとした顔でしっかり見届ける。

以前、テレビでムツゴロウさんが、最初に事務所で飼った犬のことを、「この犬はね、外に出ると、私を守ろうとするんです。だから私の犬なんです」とおっしゃっていました。きっと、近づく人に吠えたり、構えたりするのでしょう。

ひょっとすると、クッキーのトゲトゲしさにも、そんな意味合いがあるのかな？

クッキーのひっつきぶりには、磨きがかかっているのですが、困るのは、カアサンの椅子に割り込んでくること。朝食の椅子が彼女に占領されて、カアサンは丸椅子、という習慣は、変えようもありません。あきらめました。カアサンがどんなに細心の注意を払って（音を立てないように）椅子に座ろうとしても、彼女の察知能力を欺くことはできなくて、当然のように座りに来る。紛れもなく、ジゴク耳。

だけど、仕事椅子の方は困る。彼女に占領されると、カアサンは、隅の角にチョット腰掛けるしかないので、疲れる。仕方なく、クッキー用に同じような椅子を買いました。並べて置けば、すぐそばにいられて、彼女も楽だし気に入ってくれると思ったのですが……ダメでした。

彼女にとっては、ひっついていることが大事らしい。せっかく買った椅子は無視して、

相変わらず、カアサンの背中側に鼻先をつっこんで、ゴリゴリ、ゴリゴリと押し込んでくる。ほっておいても、頭をつっこんだまま、しっぽはフリフリ、いつまでも頑固に頑張っている。時には、隙間もないのに無謀に背中側に飛び込んだりする。とても危ない。で、こちらもあきらめました。

パピーの頃からクッキーの課題『フレンドリー』は、今も変わらないテーマです。入院した動物病院の先生も、「トイプードルは、普通、誰にでもなつきやすいのだけれど、この子は、日本犬のように、飼い主さんしか眼中にありませんね」とおっしゃっていました。

彼女が甘えてきたとき、何かにつけ、じっと見つめ続けてきたとき、「クッキー、いい子」「可愛いよ」「好きだからね」「大好きよ」など、思いっきりの声をかけてしまう。日本語のわかる彼女は、こんな言葉によっても、カアサンへの思い込みを深めているのかもしれない。

だけど、クッキーには、やっぱり誰にでも笑顔を貰えるような子になってほしい。これからも、望みを捨てずに、フレンドリーを目指していこうと思っています。

ミックス犬

2013年7月29日
クッキー6才5か月

この数年、散歩に出ると、「うん？」と思うワンコに出会うことが時々あります。トイプードルではないし、チワワでもないし、何犬だろう？　外観から、犬種がわからない。

「ミックスですか？」

「ええ、マルチーズとチワワです」

そういえばなるほど、2つの犬種の特徴が、どこかに感じられる。たいがいの飼い主さんにとっては、他にはない、自慢のワンちゃんのようです。

「ミックス」って、昔は雑種と言われていました。雑種っていう言葉は、何かイメージが良くないけれど、ミックスって言うと、おしゃれな感じになるから不思議。

いつの頃からか、メディアで紹介されるようになって、珍しさやかわいさから、人気が出て、ミックス犬を求める人が増えてきたらしい。マルプー（マルチーズ＋プードル）、ペキチー（ペキニーズ＋チワワ）、チワマル（チワワ＋マルチーズ）、チワックス（チワワ＋ミニチュアダックス）、ｅｔｃ。

むかし、洋犬の少なかった時代には、飼い犬の多くは日本犬の雑種で、雑種は純血種より強い、と言われていた記憶がある。その後、洋犬、しかも小型犬が多くなって、室内飼いが当たり前になってからは、自然交配で雑種が生まれることがなくなったので、ミックス犬は、たいがい販売目的でつくられているらしい。

いろいろな考え方があるとは思うけど、体格や特徴などからみて、ムリな組合せでないのならば、しかも、生まれた子たちの人生（犬生？）が、保証されるのならば、それもありでしょう。純血種だとか、雑種だとかっていうことは、家族の一員としては、何の関係もないのですから。

クッキーは、血統書を持っています。血統書には、曾祖父母から両親までの素性が書かれています。それによれば、母親はホワイト系統、父親はレッド系統のトイプードルで、京都の生まれ。所有者欄には、元の飼い主（ブリーダー？）の名があります。名義変更はしていません。必要がなかったから。

結局、血統書が必要になるのは、子をつくるとき、犬種別のドッグショーに出場するときだけでしょうから、これまでも、これからも、彼女にとって、血統書は無用のものということになります。

それでも、彼女の出生の記録としては意味があります。彼女は、生後2か月もしないうちに、母親と別れて、はるばる東京までやってきました。子も親もかわいそう。

　こんなに早くお店に出されるのは、飼育コストの面もあるけれど、ベビーのかわいらしさが購買意欲をそそるから、というのがメインな理由らしい。親子のやすらかな生活がしっかりと保証されるには、私たち購入する側の意識改革が是非とも必要なのでしょう。

　そういうわけで、クッキーは多分ひとりぼっちで遠くまでやってきたわけですが、彼女の両親、兄弟姉妹も、どこかに健在かもしれません。クッキーに、人間みたいな、親兄弟を恋しく思う気持ちがないのであれば、幸い。

　でも、もし彼らと再会できたなら、彼女は一体どんな反応をするかしら？　他のワンコとはなじまないクッキーだけど、お母さんのぬくもりとにおいを思い出すのかしら？　クッキーの黒い瞳は、何も語ってくれないけれど……。

保護犬

2013年8月23日
クッキー6才5か月

ある日、散歩をしていると、とてもよく似た白っぽい日本犬2頭を連れた女性に出会いました。

大きさが違うので、「親子さんですか？」と聞くと、「いいえ、全然違うんです。両方とも保護犬なんですよ」。

大きい子は、子犬の時に引き取って8才ぐらい、小さい子は、成犬になっていて多分4、5才だったとか。2頭目は、「先にこの子がいたのだけれど、見捨てられなくて。処分直前だったんです」。

「幸せなワンちゃんですね」。ホントによかったね、やさしい人に出会えて。


クッキーは、何の迷いもなくペットショップで手に入れました。というより、当時、他にワンコを手に入れる方法を知らなかった。

けれど、その後、ペットに関わるいろいろな事情を知りました。目を背けたくなるような現実もあるということを。

最初に、？と思ったのは、クッキーが家に来た当時、買い物で立ち寄ったペットショップのコーナーで、幼い子たちに混じって、かなり成長した（多分7、8か月）柴犬が、ケージの中で窮屈そうに動いていた光景。

あの子は散歩させてもらっているのかしら？　じゃあ、売れなかった子はどうなるの？

同じ頃、クッキーを手に入れたショップに買い物で立ち寄ると、〝セール〟ということで、フロアにたくさんの段ボールが並べられ、それぞれの箱に幼い子が入ってました。その中の1つに2匹の子が……、それを見た通りがかりのおじさんが、ちょうど近くにいた店長さんに、「兄弟かい？　かわいそうだね」。店長さんは気まずそうに、小さく「ええ」とだけ言っていました。

おじさんは、ペット業界の事情を知っていたのでしょう。

かつて、ペットを飼えないでいた頃、たまたまペットショップの近くを通りかかると、ただただ可愛い子たちにはまって、時間の経つのを忘れてしまいそうでした。

だけど今は、ペットショップの生体コーナーは、避けています。かわいい‼より、かわいそう‼の気持ちが先立ってしまう。今は、あのおじさんと同じです。

こんなにも人間と近い関係になれるワンコやネコたちが、人間の都合で厳しい現実に直面するということは、とても辛いことです。

愛すべきワンコやネコたちに、ドイツのような、殺処分のない未来がありますように。一握りの人の善意や、一業界の力では、到底対応できない難しいテーマなのですから、行政に期待したいものです。

八ヶ岳高原ライン

2013年11月28日
クッキー6才9か月

久しぶりに、チョット遠出しました。勤労感謝の日、中央道↓八ヶ岳高原ライン。この日は、朝から夕方まで、雲一つない、爽やかな晴天でした。クッキーは、車に乗ると興奮して、目的地に到着するまで居眠りもせず窓に張り付いたりしているので、チョット疲れさせるために、まず、いつもの公園で一走り、二走り。

で、走行中、気持ちよく膝の上で眠っていました。

ところで、車の中でクッキーを抱いていくための必須アイテムは、膝に乗せる軽くて硬質のクッション。なかなか売っていなくて（クッションは大抵フカフカ）、手に入れるのに時間がかかりました。感触のいい、洗濯できるカバーを掛けています。不安定な膝の上と違って、硬質のクッションの上で、クッキーの体は、寝ても座っても安定、居心地がいいはずです。カアサンも、手を添えるだけでいいので、とても楽。

さて、中央道は、名残の紅葉を求める車で渋滞気味。富士山方向へ行く車が多かったようで、大月ジャンクションから先はスムーズでした。小淵沢で高速を降り、八ヶ岳高原ラインへ。八ヶ岳高原ラインは、ベストシーズンには、カラマツ並木の黄葉がとても美しいラインです。残念ながら、シーズンはすでに終わっていました。

箱根路ほどではないけれど、こちらのラインもそれなりのワインディング、右に左に次々と連続するカーブ。クッキーが遠心力で飛ばされないように抱えていても、彼女なりに全身で踏ん張っている。彼女が車に弱かったら、こんなドライブはできない。助かる、助かる。

目的地は、まきば公園。広大な牧場と周囲の山々、大きな開けた展望が爽快。視界の端に、富士山が望めます。

ずいぶん昔、この公園に、彗星を見に来たっけ。凍える寒さの中で、美しい尾を引きながら瞬時に漆黒の空に吸い込まれる火の玉を見た。みんなの歓声が上がる。幻じゃなかった！　ラッキー！

公園の売店で、トマトのクッキーとココナッツのクッキーを買い、チョット寒いけど、高原ミルクソフトクリームを食べる。ソフトクリームがすごくおいしい。ミルクの風味がしっかり、口当たりはさっぱり。なかなか、こういうのないんじゃないかな。クッキーは、ラスクに近いけど、素朴な味でいい。

ここでＵターン。高速入口近くの『道の駅こぶちさわ』に立ち寄り。売店は、あまり広くないけれど、オーガニックというパン屋さんに引き寄せられました。いくつか買った中の１つ、小型の食パン型ブドウパンの半斤が１つだけ残ってました。

天然酵母、〝できたて〟って嬉しい。温かくて、柔らかくて、いい香り‼

こんな魅力的なパン、いつ食べる？　〝今でしょ‼〟

おもわず、車の中で、ちぎって食べてしまった。大粒のふっくらしたブドウがたっぷり入っていて、しっとりと柔らかいのに弾力がある。えぐみがなくてちょうどよい甘さ。なんとぜいたくな食べ方！

ホントは、野菜類も仕込みたかったのだけれど、種類が少ない。まきば公園で買ってくればよかった。以前は、高速入口すぐ脇の売店で野菜

や果物を買っていたのだけれど、道の駅ができてからは、どうもお客さんが少なそう。今度、こちらで買ってみよう。

すっかり暗くなった渋滞の中央道、クッキーは爆睡していました。

湘南へ、丸の内へ

2014年1月23日
クッキー6才10か月

クッキー一家は、例年どおり、ワンパターンの大晦日と元日を過ごしました。つまり、大晦日は湘南海岸、元日は東京駅前へ。渋滞に引っかからず、気持ちよいドライブができるので。

大晦日は、穏やかな日和でした。例のとおり、湘南海岸公園の駐車場に車を入れて、ふと、道路向かい側の、ビル2階の小さなレストランを見上げると、人影が。一昨年食べたしらす丼を食べたかったのだけど、昨年はお休みだった。「やっているかも！」。行ってみると、オーナーの女性が一人、「お掃除に来たんですよ。しらす丼はないけれど、カレーなら」。ということで、カレーをいただいてから、道路を渡って海辺の公園へ。日差しがとても暖かくて、クッキーはジャケットを脱ぎました。

でも、海には、サーファーが喜びそうなダイナミックな波が切れ目なく寄せていて、遠目にオットセイの群れみたいに見えるたくさんのサーファーたちが、思い思いに波に挑んでいました。

翌元日、クッキー一家は、東京駅前にいました。昨年の東京駅前は、新装なった駅舎を見る人たちで賑わっていたけれど、その熱はすでに冷めたらしい。以前のような、人影のまばらな広い行幸通りに戻っていました。

日比谷通りを渡った松林の芝生広場、枯れ芝だけれど、手入れが行き届いていて分厚い絨毯のように感触がよくて、走っても、跳んでも足にやさしい。クッキーは、とても気に入ったようです。

芝生広場から内堀通りを渡って、皇居前広場へ入ると、駅前ではまばらだった人影が、しずくを集めるように流れとなって、一つの方向へ向かっています。行き着く先は、二重橋を臨めるお堀の端。結構、外国人が多い。最近、訪日外国人が増えたというニュースを聞くけれど、なんとなく、そんな雰囲気が実感として感じられる。

橋の遠景が見えるだけで、格別な景色というわけでもないのだけれど、エンペラーのお住まいに近いということで、観光意義があるのでしょう。

広場には、明日の一般参賀に備えて、参賀の人たちを誘導する無数のコーンがきれいに

並べられていました。二人ひと組の警官が、「それ、少し引っ込めて」などと、言い交わしているらしく、コーンの列と取り組んでいました。列をまっすぐに整えていたようです。それを見た外国人が、驚いたように笑いながら、言葉を交わしていました。日本人の芸術的な几帳面さが、外国人の心にしっかり刻まれたことでしょう。

さあ、そろそろ帰ろうか。クッキー、帰るよ。

それを聞くや、彼女は、決然と足早に、トウサンを引っ張りながら、広場を横切って、何の迷いもなく駅の方向へ向かっていく。行幸通りに入ると、もう一目散。駅に向かって走り出す。トウサンは必死で追っかける。

駅に近い道路脇に、地下駐車場に下りる小さなブースがあって、クッキーは、そのブースまで走っていくと、立ち上がって、ドアをカリカリ、カリカリ、「早く開けて‼」。

カアサンたちには驚き！　彼女はさっき通ってきた経路を完璧に覚えていた。この小さな頭の脳力に敬服。

それに引き替え、大きいだけの我が脳みそ、経年劣化してチョット見劣りするけれど、叱咤激励しながら、新たな1年を乗りきりたいと思います。

ムクドリ

2014年7月28日
クッキー7才5か月

先日、新聞のコラムで、獣医師でもある大学の先生のエッセーを読みました。

ご自宅の庭にムクドリのヒナが入り込んできたのを、どなたかが覗いておられたとのこと。そのままにするのがよいのだけれど、自分の職業を知っている近所の人に、「なんて非情な」と誤解されそうなので、拾って、動物病院へ連れて行き（正直な方ですねえ）、保温室に入れて、ふやかしたドッグフードをピンセットで与えたりして手当てしてもらったそうです。

すると、ごま粒半分ほどのダニが、１００匹以上もゾロゾロ出てきて、保温室中に散乱したというのです。怖っ‼

ヒナは翌日外に放したけれど、保温室の中は、ダニがねじ穴まで入り込んで、消毒に半日かかったとか。野生動物はさすが‼って、先生も驚かれたようです。

ムクドリといえば、クッキーが通う緑地帯も、ムクドリの天国です。いたるところで、数十羽の群れが採餌し、にぎやかに鳴き交わし、飛び交っています。数百羽にもなるのじゃないかしら。

成鳥は、常に羽を使い、地面で羽づくろいしたりしているから、ヒナみたいにダニまみれではないかもしれないけれど、やっぱり怖い。

ということは、見た目美しい草地も、怪しげな生物がいっぱいなのかも⁉　この時期、草がきれいに刈られても、すぐに元気に育ってきます。小さなクッキーが、草に埋もれてしまわないように、なるべく、草丈の低い場所を選んで遊んでいます。

特に、茂みの中や、その葉先には、恐ろしい真ダニがお客を待ち構えている、ということで、鼻先に食いつかれたワンコの写真を見たことがあります。

それで、クッキーには、茂みに近づかせないように注意しています。草丈の高いところは、抱いて通る。

家に帰ると、少なくとも足を、地面に座ったりしたときは、おなか周辺までシャンプーで洗って、怪しげなものが持ち込まれないように注意。

舗装道路の散歩とは違った、気遣いが欠かせません。

紀州犬

2014年9月29日
クッキー7才7か月

いつもの公園で、クリーム色の上品なワンちゃんに出会いました。紀州犬の女の子。

色白（？）、うり実顔（？？）、つり上がった目。ちょうど、浮世絵美人のような雰囲気。ホントに日本的なワンちゃん。後で調べたら、天然記念物に指定されているようです。

その子は、おかあさんにとても忠実で、常におかあさんを守ろうとする。おかあさんの横に人が立ったりすると、その間にスッと入ってくるのだとか。

分をわきまえないクッキーが、その子にフェイントをかけても、そっぽ向いて我関せずなのに、おかあさんにフェイントをかけたら、キッとして、向き直りました。おかあさんが、「ダメよ」とリードを引きます。

我が家の小さなクッキーも、カアサンを守ろうとする強い意志を持っている様子。単に、自分と一体のものを守ろうとする本能なのかもしれないけれど、そうではない、もっと人間的な心を感じる飼い主さんは多いと思う。

「もう、離れられませんよね」とおかあさん。たいがいのワンちゃんは、人とこんなに深い絆を結ぶことができるのに、世間には、本当にかわいそうな運命にあるワンちゃんたちがたくさんいる。目を覆い、耳をふさぎたい現実、なんとかならないでしょうか。

この公園には、多くのワンちゃんたちが飼い主さんに連れられてやってきます。広いドッグランがあるので、超大型犬も、開放感を味わうことができるのでしょう。夏の夕方、駐車場に、ワンちゃん連れの家族が次々とやってきます。

そんなワンちゃんたちの、さまざまな人生（犬生？）にも出会います。

頭をたれ、一歩一歩、飼い主さんに支えられて地面を踏みしめる白いワンちゃん。「目も見えないんですよ？」とおっしゃる。

目が見えなくても、足裏の肉球から伝わる柔らかな草の感触、全身にやさしい緑地帯の空気、鼻腔の隅々まで感じるたくさんの仲間たちのにおい。きっと、ワンちゃんは、飼い主さんを引っ張って颯爽と歩いていた元気な頃の自分を感じているのでしょう。幸せに生きたワンちゃんなのだなあ、って思います。

かっこいいタンクトップを着たゴールデンレトリバーさんの写真を撮らせていただきました。

「今、癌の治療中なんです。治療を受けたおかげで、こうして元気でいるので」と。

飼い主さんのためにも、頑張ろうね。

とても素敵な写真を撮ったのは、もう1年以上前。それ以来1度もお会いできませんでした。今も、公園へ出かけるときはいつも持ち歩いています。

高齢の飼い主さんが、これまた高齢のワンちゃんと寄り添って、ゆっくりゆっくりと散歩しておられる。ここにも温かい家族が。

そして、つい最近、バギーに乗ったゴールデンの赤ちゃん。生後3か月、まだワクチンが済んでないので、他のワンちゃんと接触しないように、バギーでお散歩。

ベビーとはいえ大きい、そしてなんと可愛いこと！　ふわふわ、やわやわ！　やさしい顔、人な

つっこい、いかにもやんちゃそうな動きは、みんなを笑顔にしてしまう。

これから、飼い主さんとのにぎやかな人生が始まります。

そうだ箱根へ行こう

2014年11月4日
クッキー7才8か月

お気に入りの箱根のホテル。

土日にドッグフレンドリールームをリザーブするのは結構大変なので、今までは、2、3か月前に予約していました。

でも、お天気ばかりは予約できない。折角たまの旅行なのに、雨の中、ワインディングロードを登ったり降りたりするのは気乗りがしない。美しいはずのその先の眺めも期待できない。クッキーも、長いドライブの疲れを、外で発散できないし。

そこで、早くからの予約はやめました。直前の天気がはっきりしてから、キャンセルをねらうっていう手もある。

すっかり忘れていた先々週の金曜日、テレビの天気予報のお姉さんに、この土日は行楽日和、と誘惑されて、〝そうだ、箱根へ行こう！〟。

急に思い立って、ホテルのホームページを開くと、なんと、明日の土曜日は△マーク！それ以降の土日は、ずっと×なのに。すぐに電話して、部屋を確保。ラッキー‼


翌日は晴天、快適なドライブでした。

といっても、出かけてすぐに、ちょっとしたアクシデントがありました。家を出て、まずは最寄りのスタンドでガソリンを満タンに。「タイヤの空気圧も見てください」。さあ、出発。

しばらく走ると、運転席の液晶画面に赤字の警告が！　「タイヤの空気圧を調べてください」。エエッ？　さっき調整してもらったばかりなのに。そういえば、なんだかがたつく感じがする。左側じゃない？

どこかのスタンドで、少しでもオイルを入れて、見てもらおう。でもセルフスタンドばかりで、スタッフがやってくれる店がなかなかない。そのうち、高速入口が近づいてきたので、とにかく、セルフの店に入ってお願いしました。なんと、３本が２・５で、左後輪が2・0ですって。

親切に調整してくださって、「また減るようだったら、パンクの可能性があります。頑張ってください」。チョット不安だったけれど、その後、警告は出なくて、走りもスムーズでした。

たまたま、翌々日に定期点検の予定が入っていたので、営業マンに、アクシデントの件を伝えました。結果はタイヤに何の問題もなかった。

結局、スタンドのスタッフのミスだったのでしょうけど、あの警告が出なかったら、知らずに高速に入って、事故につながったかもしれない。怖いことです。

とにかくにも無事にホテルへ。この春に完成したコテージは、ゆったりとした造りで、床のタイルも感触がよくてワンコにもやさしい。

テラスの向こうには、華やいだ紅葉の庭が。同じ景色が、バスルームからも眺められます。

箱根の紅葉は、ベストシーズンの少し前のようだけれど、新鮮で豊かな彩りは、とても素晴らしかった。仙石原のススキも満を持したようにふくよかに色づき、大勢の観光客を集めていました。

翌日は、箱根神社へ。いかにも東海道の延長のような風格のある杉並木の参道の先に、優美な本社が。こちらも、まるで初詣のような賑わい。

芦ノ湖につきだした有名な鳥居のところでは、みんなが並んで順番に写真を撮っていました。

神社の参道入口に近い元箱根の道路沿いのお店の外にテーブルが2つ置かれていて、ワンコ可！　ラッキー！

団体さんで混み合っていたので、簡単にできるもの、ということで、山菜うどんを注文。汁は、醤油色の完全な関東風。辛そうに見えたけれど、食べてみると、マイルドでいい味。おいしかった。ワンコと同席できる店が見つかったのは収穫。トウサンが周辺を歩いてみたら、他に2件ワンコ可の店があったとのこと。

山の天気は変わりやすい。雨が降りだしてしまったので、早々に帰路へ。山を下りてしまえば、カラリと青い空。

よい旅でした。

LED

2014年12月8日
クッキー7才9か月

青色ＬＥＤの研究開発に携わった日本人３名が、今年のノーベル物理学賞を受賞しました。間もなく、スウェーデンで授与式が行われます。

日本人にとって誇らしいことですし、あきらめない探求心は、子供や若い人に、大きな刺激になったことでしょう。

メディアによると、受賞された方々には、それぞれ目標を共有しながら奮闘した支援者がおられたとのこと。

ｉＰＳ細胞の山中伸弥教授も、同様におっしゃっておられたと記憶しています。画期的なアイディアも、一人の力で実現することは難しい。それらの方々は、受賞の貢献者として、公的な記録に名前を残されるべきではないでしょうか。

今年の初め、ＳＴＡＰ細胞についての最初の記者会見を見た多くの人が、若くてチャーミングなノーベル賞受賞者をイメージしたことと思います。私もその一人。

でも、その後の悲劇的なテンマツ……。まだ、結論は出ていないけれど、あまりに秘密裏に研究を進めてしまって、研究プロセスの全てをしっかりと検証しながらサポートしてくれる支援者がいなかったことが、その後の錯綜した展開の原因の１つだったのかもしれません。

さて、ＬＥＤですが、ノーベル賞の中でも、特に物理学賞の世界の大方は、庶民とは無縁の、学者さんの領域だったのだけれど、ＬＥＤは、別格。庶民の誰もが身近に知っていて恩恵を受けています。低コスト、エコロジー、というのは、全人類、そして地球にとっての大きな恩恵だし、エコロジーというだけでなく、性能が秀でていてみんなが満足できるっていうことが何よりに素晴らしい。

ＬＥＤを使ったさまざまな技術改革が進んでいるらしいけれど、その１つとして実感できるのが、交通信号です。少し前までは、光の加減、例えば夕日に向かって走っているときなどに、信号の色が見にくく感じられることが多かったのだけれど、今は、そういうことはない。逆光でも、大雨でも、きれいに、明瞭に識別することができます。

そして、この間の夕暮れ時、ホントに何年かぶりに、かなりの大雨の中を車で走って気づきました。信号の色がくっきりと見えているだけではない、とても美しい光景が描かれていることに。

信号の色が、雨で鏡のようになった道路に、美しい光の帯を描き出していたのです。信号、そして、車のヘッドライト、テールランプ、赤、黄、青、緑、と鮮やかな光の帯が、リズミカルなアニメーションのように、道路に流れていました。光の流れをどこまでも追っていきたいような気分でした。

ＬＥＤの強い光によってこそ描かれるアートなのでしょう。タクシーの後部シートに座っていては気づかない、前部シートに座ってこその思わぬ〝発見〟でした。

受賞者の方々は、ＬＥＤ技術をさらに発展させていくことを目指しておられるようです。世界中の多くの技術者・研究者も、技術開発を競っていくことでしょう。その成果は、私たちの生活をさらに豊かにしてくれるはずです。カアサンたちの生活が楽になれば、クッキーだってきっと喜んでくれるはずですから、楽しみです。

年越し

2015年1月8日
クッキー7才10か月

1年のなんと早く過ぎ去ることでしょうか。

時の歯車は休みなく回り続けて、早くも昨日は七草がゆを食べました。

そして、クッキー一家にとっての旧年の締めくくり、年末30日は湘南海岸へ、元日は、丸の内界隈へのドライブとなりました。

年末30日ともなれば車も少ないはず（例年そうだった）。でも、第三京浜へと向かう環八通りに入ると、ひどい渋滞。とろとろとずいぶん長い時間を費やしたところで、その原因はバスの火災で、3車線が1車線に制限されていることがわかりました。

さらにとろとろ走行して、その現場を通りかかったときには、バスはすでに運び去られていて、警察官たちが泡消化後の片づけをしていました。

その先は、第三京浜、横浜横須賀道路を含めてスムーズ。内陸側を走って、葉山で湘南道路１３４号に乗る。「ここから江の島方面へ走るのが、景色がよくていいんだ」と、トウサン。

ところが、こちらも「超」のつく渋滞、なんでだろ？　でも、こちらの渋滞は、心地よい海側の景色、道路反対側のチャーミングなお店の数々をゆっくり楽しめるので、歓迎！

とにかく、10時過ぎに出発して、湘南海岸公園に到着したのが午後3時頃。クッキーの疲れを癒やすために、まずは海岸の芝地へ。この日は、風が強くて砂が飛んでいました。彼女も、走りながら目をしばたいているし、もう、引き上げよう。

お腹も空いていたので、昨年テラスで食事したファストフード店へ向かっていたら、その手前に、名前からしてワンコウェルカムらしいレストラン。

メニューに〝しらす丼〟を見つけて、これにしよう！　ご飯の上にしらすをてんこ盛りした漁師風のどんぶりではなくて、サーモンとアボカドの上にしらすをのせたおしゃれな一品でした。結構なお味でしたよ。

レストランの一角にあるショップで、我が家の姫に可愛いベストを衝動買いしてしまった。４８００円！　高い！　だけど、ベストにショップ名のロゴがプリントされているから、これを着れば、もう彼女も湘南ガール!!と思ったけれど、その店は、全国展開の犬服屋さんらしい。

陽はすでに傾いていて、帰路へ。走り続けた1日でした。

そして、元日。

この日、丸の内の地下駐車場から地上へ上がった途端、帰ろう‼って言うぐらい、思い切りの冷え込みでした。北風がことさらキツイ。出かけるときは、雪がちらついていたし。でも、クッキーを休憩させなければ、というわけで、頑張って松林の芝地までたどり着いた。

なんということでしょう！　芝地は、なんか、暖かく感じる。そんなに寒くない。コンクリートと石で覆われた東京駅周辺のロータリーや広い行幸通り、そびえ立つビル街、車の通行も少ないから、吸熱で、ギンギンに冷えているんですね。チョット離れただけなのに、こんなに違う。年月をかけて整えられた、分厚いフェルトのような芝地には、暖かい空気がたっぷりと含まれているのでしょう。人にもワンコにもとてもやさしい。

松林は、風をやわらげてくれる。クッキーは、芝地の感触を楽しむように元気に走り回っていました。

駅周辺や皇居前広場の人出は、昨年より多めでした。広場では、例年どおり一般参賀の準備が進められ、奥の方には、新年の挨拶に訪れた外国大公使を待つらしい、黒塗りの車が列をなしていました。

　でも、今回は、余りに寒くて、広場まで向かう気になれなくて、早々に地下へ潜りました。

トンネルを抜けるとそこは明るい湘南の海だった（逗子市、長柄トンネルから湘南道路へ）。

北斗星

2015年4月1日
クッキー8才1か月

この春の話題、なんと言っても北陸新幹線の開業でしょうね。テレビは、毎日のように、金沢などのおいしそうな食べ物、美しい景色をこれでもかこれでもかと映し出して、私たちを誘惑しています。

2時間28分というと、京都と同じぐらいなんだ。地図上の距離で比べると、意外と時間がかかるなと思うけれど、近くなった、近くなったと言われるから、やっぱりそうなんだ。冷たい冬を抜け出して、身も心も軽く、誘惑に心地よくのって、日本海を目指すのはいいですね。

北陸新幹線の開業の一方で、ブルートレインと呼ばれた寝台列車が次々と廃止され、人気のある列車のラストランの切符は、すぐに売り切れ、当日は、多くのファンや撮り鉄が殺到したようです。

最後のブルートレイン、北斗星のラストランが、3月中旬にありました。上野~札幌間を走る北斗星は、開業当時、とても人気で切符を手に入れるのは難しかった。だけど、若かりしトウサン・カアサンは、頑張って切符を入手しました。

夜、上野駅のホームで、北斗星の青い車体を見て、ワクワクしたのを覚えています。チョットゆったりした寝台個室で、窓は大きく、快適だけれど、夜だから景色は見えないし、明日のことがあるから寝なければ。北斗星は、ひたむきに走って、その振動も結構いいかな、と思っているうちに寝入ったらしい。

だけど、だけど、……列車は走り続けるわけではなかった。時間調整か何かなのでしょう。真夜中に、何度か、最寄り駅に停車して休憩。しかも、誇らしげに、長々と汽笛が。その度に目が覚める。

なんで、この真夜中に汽笛を鳴らすの⁉

寝不足でボーッとしているうちに、窓の外が明るくなってきました。さあ、カーテンを開けよう！　景色が楽しみ！　夜が明けて初めての駅に到着。どこだろう？

窓に顔を寄せて眺めていると、静かに進入するホームの先に、北斗星を待ち受ける人たちが！　中には、カメラを持っている人もいる。

ビックリマークが3つぐらい！！！

寝不足の仏頂面で記念写真に納まるのは、北斗星に失礼！　慌てて隠れる。

大方夜のうちに走行するので、景色を楽しむ時間はあまりなかった気がするし、終着駅の札幌に到着したときは、満足感半分、疲れ半分、という具合でした。

一昨年、九州には、北斗星とは比べようもない豪華列車、ななつ星が運行されました。1泊でも、1人15～40万円、3泊4日（車中2泊）で最高140万円というから、すごい！

高級ホテルのスイートも真っ青！

さぞかしリッチな旅なのでしょうけど、車中2泊っていうのは、きつそう。やっぱり、夜は、動かないベッドで眠りたい。だから、あまり羨ましくは思わない。

夜の間、停車して、昼間、たっぷりと景色を楽し

めるなら素敵だけど。まあ、手の届かない人の、負け惜しみかもしれないけれど……。

　それでも、これからの芽吹きの季節、やっぱり、列車の旅はいいですね。クッキーが家に来てからはすっかり縁遠くなってしまったのが残念。

オランウータン

2015年9月8日
クッキー8才6か月

「ウン？」

新聞写真の、『オランウータンの男性』というタイトルに目が引かれました。そこには、堂々たる体躯のオランウータンの写真が……。

京都大学霊長類研究所の先生の、ジャングルの中でひっそりと暮らす、〝森の哲人〟オランウータンについてのコラムです。

オランウータンはヒト科なので「一人、二人」と呼ぶ、と書かれていました。あ、そうなんだ、それで、オスではなくて〝男性〟なのだ！

先生は、森の中で彼を見続けていて、「わたしは、あなただったかもしれない」と思われたそうです。お相手のオランウータン氏も、先生に対し、同じ思いを抱いたかもしれない。

先生の思いは、深い学識に裏打ちされた敬意と親近感なのでしょう。

だけど、確かに、素人目にも、チンパンジーやゴリラやオランウータンには、他の動物にはない、人間的な共感を覚えることがある。動物園の檻の外からみんなに見つめられるのは、さぞかしストレスだろうな、気の毒だなあって感じることもある。

以前、外国で、動物園のオランウータンに〝人権〟を認めた判決が出た、というニュースがあったけれど、あながち、笑い事ではないのかもしれない。

ところで、クッキーのような生きものが〝家族〟になるっていうのは、〝種〟の近さでは説明できません。

でも、ぬくもりとアイコンタクト、そして、一方通行でない意思や感情の疎通、これさえあれば、〝種〟なんて関係なく、ヒトは、誰とでも〝家族〟になれるのでしょうね。

再び箱根へ

2015年10月15日
クッキー8才7か月

しばらく旅から遠のいていました。お気に入りの箱根が、例のとおりの火山活動による規制で、チョット不安があったからでもあります。

でも、シルバーウィークの直前、〝好天が続く〟との予報。

どこか行きたいね。少し前に、箱根の警戒域が絞られたっていうニュースもあったし……。

早速、箱根、河口湖、小淵沢、のワンコ可ホテルに電話。どこも空きなんかない。当たり前ですね、こんな時期に。箱根だって満室なんだ、よかったね。

で、せめて日帰りのドライブぐらいしようか、って言ってたら、連休初日、キャンセル待ちを申し込んでいたホテル2カ所から、キャンセル出ました、との電話。

結局、22日、ほぼ1年ぶりに、お気に入りのホテルに向かうことになりました。

箱根は、元気そうに見えました。車はそこそこ多いし、ショップ街をそぞろ歩く観光客の姿も結構多い。ホテルは、いつもと全く変わらない穏やかさで迎えてくれました。ただ、見上げると、樹木の向こうに高く立ち上る白煙の頭が望まれて、ずいぶん近く感じる（前は、アレなかったね）。

ホテルは、大涌谷から２㎞ほどの距離にあります。近くの美術館から見た大涌谷の噴煙は、以前に撮った写真と比べて、大きく見える。これが現実なんだ。

美しい箱根の自然や街が灰に覆われる、なんていうのは、どうかやめて！

クッキーにとっては、かって知ったホテルです。家みたいにゴタゴタ物が置いてなくて広々とした室内は、走っても快適。床からベッド、ベッドからベッドと大ジャンプで跳び回り、興奮していました。

そして、ホテルのお楽しみは食事。これまでも、朝食は室内へのデリバリーでいただいていたのだけれど、今年は、ディナーも、デリバリーでいただけるようになっていました。内容も、レストランとほぼ同じフレンチジャポネということなので、よかった。

クッキーに辛い思いをさせないで済むし、カアサンたちも、後ろ髪を引かれないでゆっくりできる。

ディナーは、メインな2段のお重と肉の温め用のランプ、デザートなどがセットされてました。そりゃー、1品ずつ、温めた大ぶりのお皿、洗練されたサービスで供されるのと、全く同じではないかもしれないけれど、十分に満足でした。

翌日、以前から気になっていた道路沿いの店に寄ってラスクをゲット。例のとおり、広大な芦ノ湖のパノラマパークで遊び、大観山展望台で昼食を食べ、キュウリを買って帰路につきました。

仙石原のススキは、まだ穂が固いけれど、山や森は、微妙な秋色に染まり始めていて、彩り華やかな秋が予感されました。

ミズスマシの水紋が陽光に輝いていました。

満面の笑顔

2015年11月20日
クッキー8才8か月

先日、マンションの住民の方の訃報がありました。

いつもいつも、ご一緒に出かけられるご夫婦の奥さま。88才。この1、2年、足腰がすっかり弱くなられたご主人を支えておられたようです。

お会いしたときに会釈を交わす程度のお付き合いでしたが、クッキーが面と向かってデカイ声で吠えても、「犬は吠えるのが仕事だから」「可愛いね」って、やさしくしていただいた。

数日後、3人でご挨拶に伺いました。

90才を超えるご主人は、お骨を置いたテーブルの前に座って、嗚咽を漏らしておられました。大切な方をなくされて、ご心痛は如何ばかりのことでしょう。

ふと見ると、そばに大きな写真、白い帽子に縁取られた満面の笑顔、30才前後の女性でしょうか。

黒枠なので間違いない。

「奥さまですか?」

「ええ、若いときの」
「可愛らしいですね」
「ええ、ええ」

これでいいのだ‼

旅行などにもよく出かけておられたようなので、年相応の写真がないわけではないでしょう。でも、ご主人にとっては、この写真こそ大事な一枚。時を越えて、胸に抱き続けてきたいとおしい奥さまの姿なのでしょう。この笑顔とともに暮らしていく……。

最近は、〝終活〟の一環として、写真屋さんでお気に入りの遺影を用意する方もいらっしゃるとか。それもいいでしょう。だけど、ご主人のように、残された方が一番好きな、これからの人生と向き合って生きていく味方になる一枚であれば、世間的な年齢なんて関係ないな、って納得しました。

証明写真ではないのだから。

ローズマリー

2016年3月29日
クッキー9才1か月

我が家のベランダで、二鉢のローズマリーが藤色の地味だけど可愛い花をつけています。

もう、7、8年になるでしょうか、夏以外は、週に1回水やりするだけで、ほったらかしなのに、1月から5、6月頃まで咲き続けてくれる、とてもケナゲ。

この花が我が家にやってきた理由には、ハトとの結構長い神経戦の歴史がありました。

クッキー一家が住む集合住宅は古い建物なので、ハトが居着きやすいらしく、ベランダにネットを張っておられるお宅もかなりあります。

我が家も、通勤時代が長く、留守のベランダは彼らにとって格好の居場所だったようです。

いろいろ試みました。ネットは、視界が悪くなるし、災害時に脱出できるのかな？

当時はやっていた〝目玉〟。大きな目玉が、ベランダにぶら下がっている光景は、結構見かけました。

あれ、いいのかな？　我が家でも、〝目玉〟を手に入れて、ベランダにぶら下げたり、窓ガラスに張ってみたり。でも、彼らは、全く気にならないようでしたね。

動かないものはダメ！

それで思いついたのは、かざぐるま！　色彩が派手で目立つし、動くじゃない！　我ながらいいアイディア‼

たまたま、お祭りの縁日で手に入れて、ベランダの手すりに括りつけました。かざぐるまは華やかに回って、きれい。派手で目立つから、人目がちょっと恥ずかしいけど気にしていられない。さすがのハトっこも参ったでしょう？

ところが……、そのかざぐるまを、カアサンは慌てて取り外すことになりました。かざぐるまは水子供養のシンボルらしい、と知って……。

そして、夏のある日、有楽町のデパートのプール用の特設コーナーで、コワモテのワニのフィギュアに出会いました。ゴム製で、体長は7、80㎝、外観は暗い色のごつごつ肌で、リアル。半開きに赤い口に恐ろしげな歯が。

これいい‼　早速買って、ベランダに置きました。

これがすごい‼　ハトは、当たり前みたいに手すりに降りた途端、ギョッとして、バタバタと飛び去る。

ハトだけじゃない、ベランダに出ようとした作業員さんなども驚いて、「これ、大丈夫ですか?!」。

それから数年間、ワニくんは、我が家のベランダを守り続けてくれました。

けれど、やがて、長年の汚れと紫外線による劣化で、すっかり迫力がなくなると、鳩が、再びベランダに戻ってくるようになりました。

買った直後、効果テキメンに喜んで、予備を買いに行ったけど、特設コーナーはすでになく、その後も、デパートのおもちゃコーナーなどを探したけれど、カワユイものばかりで、リアルなフィギュアは見つからなかったっけ。

もう、お手上げ?というところで、

ボールを持って帰る行く手に落ちていた嵩張る枯れ枝を、ジャンプでクリアする神対応！　クッチャン格好いいー！

ローズマリーが登場。

何かの雑誌で、ハトに悩まされていた女性（画家だったか、音楽家だったか）のコラムが目にとまりました。どこかで、ハトはローズマリーが嫌い、ということを知って、ベランダに植えたところ、全く来なくなって驚いた、という内容でした。

半信半疑ながら、カアサンも早速買ってきました。それが、今もある二鉢。

全くそのとおりでした。たった二鉢なのに、ハトは寄りつかない。

ローズマリーは濃い香りがあるけど、ハトに香りがわかるのかしら？　なぜなのかわからないけれど、とにかく、一件落着。

我が家のベランダを守ってくれているローズマリーに、感謝。

ところで、クッキーだって頼もしい。今ではごくたまにだけど、手すりにハトが立ち寄ったりしたら、彼女は、「ワン、ワワァーン!!」と、ベランダに突進！　爆睡していたはずなのに、超敏感。

ワン・ニャンを救おう

２０１６年10月5日
クッキー9才7か月

都政や行政という庶民にはなじみにくいテーマが、これほどまでにメディアに取り上げられ続けたことが、かつてあったでしょうか？

7月の都知事選スタート前後から、次々と目を引くイベントが報じられ、毎日毎日、テレビや新聞でスター候補者たちの動きが報じられてきました。庶民にも、バラエティーを見るような、参加するような、ちょっとしたワクワク気分があったような……。

選挙の暑い夏が去り、朝夕に秋の気配が感じられる今、第2幕は、一層の緊張感をはらんで展開し、人々の耳目をつかんで離しません。思えば、選挙の原因となったドタバタ騒動から、切れ目なく続く「事実は小説より奇なり」。

小池知事には本当に頑張っていただきたい。豊洲問題、オリンピック問題、都議会問題、今、渦中にあるどの問題も、チョット動けばどでかい壁にぶつかる、大変なことです。やっかいなのは、組織の壁、とても手強い。

でも、小池知事ならやり遂げることができるでしょう。厳しい周囲の反応や、あおり立てるようなメディアの騒ぎに惑わされず、ご自分の判断を淡々と進めておられる様子、頼もしく思います。

というわけで、知事にとっては、当面の優先課題で手一杯なのはわかります。でも、もう1つ、とても期待しているのが、ペットの殺処分ゼロのテーマです。

知事は、このテーマを目標の1つに挙げられていたとか。とっても嬉しい。

このテーマをオリンピックとリンクさせることには意義があります。人間にとっての平和の祭典とともに、ともに生きるペットたちの平和が守られる。

動物愛護の先進国といわれるドイツ・イギリスなども、現状に至るまでは、国、自治体、個人の多くの努力の積み重ねがあったことでしょう。このところ、志ある個人やＮＰＯの保護活動がメディアに取り上げられて、本当に立派だなあって思うけれど、限界があるでしょう。だいたい、ペット産業のツケでもある犬・ネコの保護を、個人が負っているというのも変？

食物連鎖の頂点に立つ人間は、生涯に、動物・植物、たくさんの命を頂いていて、これだけは、生物の営みとして、神様（仏様？）が認めてくださっていると考えるしかありません。だからこそ、意味もなく、人間の都合で命を奪うことは許されない。国（自治体）には、個人が細々と取り組んでいる末端の〝引き取り→飼育・譲渡〟対処だけでなく、抜本的な法整備に取り組んでいただきたい。

とても難しいことでしょう。すでに、しっかり産業として根付いてしまっている、ペットの生体販売。この世界で生計を立てている人々がいるのですから。

規制を強化するといっても、先の法改正の時の難しさからも簡単でないことは想像できます。まずは、ドイツのような、大がかりな〝飼育、譲渡〟体制・ルートの整備、飼い主への啓蒙によって、ワン・ニャンを迎える公式のルートが時間をかけて太くなっていけばいいのかな、と思います。

収容施設に収容された犬のおびえた表情、姿は、思い出したくない。まして、現場で〝処分〟に携わっておられる方々の苦悩はさぞかし大きいことでしょう。

老犬、病犬の介護施設もほしい。ワン・ニャンを家

族として迎える多くの人は、ワン・ニャン福祉のために多少の税金を払うことは厭わないと思う。

オリンピックの年までには、その道筋が描かれていればいいな。殺処分何万頭という不名誉な評判が過去のものになっていてほしい。

最近、大手小売店の1つが、将来的に生体販売を取りやめるという方針を示した、という新聞記事を見て、一筋の光を感じました。

だましてはダメ

2016年12月28日
クッキー9才10か月

カアサンのティータイム、クッキーは、テーブルの下に静かに伏せている。カアサンが食べ終われば、ワタシもおやつが貰えるんだ！

カアサンが終わるやいなや（チョットした音や動きで微妙に察知するみたい）、彼女は、テーブルの下から飛び出して、跳んで跳んで、回って回っておやつ頂戴！

おやつは、冷蔵庫に入っている。一口タイプのドライささみ2～3切れ、ガリガリと囓る食感がいいのかな。

その日、いつものように、喜ぶクッキーを交わしながら冷蔵庫を開けると、エッ？　ない！　持ってくるのを忘れたんだ！　他のおやつも置いてないし……。

「クッキーごめん！　ないよ！　忘れちゃった！」

彼女は、ビックリ顔で座り込むと、全身ブルブル震えだした！

あーごめんごめん。トウサンが急いで取ってくるまでの数分間、落胆するクッキーを抱いていました。

おやつが届くと、彼女は何事もなかったみたい、跳んで跳んで、回って回って……。

クッキーの名誉のために言えば、彼女は特に意地汚いわけではありません。どちらかといえば小食だし、人の食べ物をねだったりもしない（肉類だけは、目がないけれど）。ワンコの人に対する信頼は、真っ直ぐです。だから、だましてはいけないし、裏切ってもいけない。

それに、クッキーは、カアサンたちの言葉を、本当によく理解しています。

ことに、「行く」「出かける」「散歩」「何時頃」などなど……、彼女にとっては、一緒に行けるか、留守番になるか、一番の関心事。こんな言葉を聞いてしまうと、その日一日、眠っていても、起きていても、どこか緊張している。

そして、カアサンの、バッグや上着を取り出したりのチョットした動きで、自分は行けない……と観念して固まってしまったり、カアサンが公園スタイルに着替え始めたら、ワタシも行ける‼って興奮したり……。

だから、そんな言葉は、彼女が爆睡していても、小さい声で、そっと、そっと……。

便利なのは、「おしまい」「もうないよ」、そして「お仕事」。ごはんのおまけや、おやつのお代わりを貰いに来たときの最後に、「これでおしまいよ。もうないよ」と言うと、もう貰えないと理解する。取りに来ない。

ある日、マンション内のレストランで、住民仲間4人の〝女子会〟がありました。終わって、買い物に行こうと外に出たら、予想外の雨が……、傘がない……。

傘なしで行くわけにはいかないけど、取りに戻ったらクッキーの熱烈歓迎で、大騒ぎになるから、困ったな……。

でも、意を決して家に戻ると、案の定の大騒ぎ。すかさず、「クッキー、お仕事だから、もう少し待っててね」と言うと、途端に固まって、出ていくカアサンをただ黙って見送っていました。

確かに、彼女は、カアサンが着替えて「お仕事」で出かけるときはすっかり固まっているし、そんなときは、忘れ物を取りに戻っても、文句一つ言わずただジッと見ているだけ。だけど、普段着でドアの外に出ようものなら、例えば、トウサンが留守で、ゴミを出しに行かなければならないときなど、カアサンがドアの外に出た途端、わめく、わめき続ける……。

ご近所の手前、クッキーを抱えて、ゴミを出しに行くことになります。「お仕事」じゃないから、ワタシも行く‼ってことでしょう。

ところで、例の〝女子会〟、２年前に、管理組合の理事会で一緒になった方たちです。長く住んでいても、チョットした挨拶以上のご近所付き合いというのはなかったから、交流の機会が得られたのは収穫でした。以来、年に数度〝女子会〟を続けています。

８名の理事のうち、女性が４名となったのは、長い歴史の中で初めてだったようです。ご主人の代理などで、３名だったことはあるようですが……。

しかも、くじ引きのようなものとはいえ、カアサンが理事長となったことも、女性として初のことでした。

で、管理組合の役員選任の歴史を覗くと、過去には「女性は2名ぐらいまで」なんて内規的なものがあったようです。女性の社会的評価や発言力が低い時代を経てきたんですね。昼間家にいることが多い女性の中には、マンションのさまざまな問題に気づいたり、関心を持っている方がいらっしゃる。昼間在宅の方も多いから、機動性もいい。マンションの役員として向いていると思います。

理事長として最後の総会の後、何名かの女性が「是非またやってください」と言ってくださった。もう二度とやることはないけれど、今まで、管理組合の業務などには無関心、避けたい、だったカアサンも、少しだけ、老いたマンションとそこに住む人たちに、親しみと気遣いを感じることができました。

鉄瓶

2017年1月31日
クッキー9才11か月

昨年、我が家に2個の鉄瓶が仲間入りしました。

実はカアサンは、2、3年前から人間ドックで、鉄欠乏性の貧血という検査結果を受けていました。長い人生で初めてのこと。体調が悪いわけではない、食事が特に変わったということもない、吸収が悪いのかな？　でも、〝貧しい血〟っていうのは、どうもね……。

それ以来、鉄分の多いといわれる野菜類を意識的に増やしました。ブロッコリー、ほうれん草、そして、ひじきの煮付けは常備菜に。肉だってよく食べている方だと思っていました。


余談ですが、鉄分の優等生といわれてきた〝ひじき〟、最近の食品分析表では、その鉄含量が、7分の1とか、9分の1とか、極端に少なくなったとか。加工時のお釜が鉄製からステンレス製に変わったのが原因で、もともと多いとされていたのは、鉄釜から溶出した鉄分によるものだったらしい。

しかも、ひじきの無機ヒ素含量は、食品の中でもトップクラスらしいってことを、大学の先生の新聞コラムで知りました。記事の趣旨は、同じ食品ばかり食べ続けない方がよい、ということのようです。ヒ素には発ガン性ありといわれているから、気にはなるけれど、昔から、庶民の食卓で親しまれてきた長い歴史のあるひじき、今さらオタオタしたって仕方ないじゃない。

なのに、どういうわけか、ほどなく、我が家の食卓から常備菜のひじきが姿を消し、別のものに変わっていました。

それで、翌年ですが、検査結果は変わらず。ウン、それでは、レバーにいくしかないか。子供の頃から嫌いなレバーに挑戦。焼鳥屋さんで、レバーの串をたくさん買ってきて、冷凍保存しました。毎日1本でも食べよう‼

けれど、早くも最初の1本から挫折、鼻をつまんでもダメ‼　クッキーは、オーブンで温めたにおいがたまらないらしく、ビール片手の親父さんみたいにガツガツと（失礼）せがんでくる。羨ましいなあ。でも、ワンコに濃い味は×よ。

ウーン、やっぱりダメかー、でも、サプリメントにはまりたくはないし……。

それで思いついたのが、鉄瓶。調べてみると、鉄瓶や鉄鍋から溶出した鉄分はヘム鉄で、植物からの非ヘム鉄より吸収がいいらしい。

ネットで検索、岩手の南部鉄の工房で、可愛いデザインの鉄瓶を見つけました。早速注文すると、「こちらの製品は人気で、１年２か月くらいお待ちいただきます」。エッ？と思ったけれど、急ぐわけでもないので、列に並びました。

それから半年ほど経って、近くのデパートの物産展のちらしに、岩手の鉄瓶が。例の鉄瓶はまだまだずいぶん先だし、もうこっちに決めようか、ということで、買ってきました。

例の鉄瓶はそのうちキャンセルしようと思っていたある日、「お待たせしました」ということで、例の鉄瓶が、やけに早く我が家にやってきました。

仕方なく、２つの鉄瓶は、住まいと仕事部屋に居着くことになりました。住まいの方は、主にカアサンが沸かして冷蔵庫保管、毎日２００㎖前後飲む。仕事部屋の方は、トウサンが使っています。トウサンのは、沸かした湯に危なげにカットしたレモンを入れたりして、ハードな飲料にしている。

鉄瓶の湯沸かし速度は超速い。だから、ガスレンジの一番弱火でじっくり。それでも、うっかりして、お湯がすっかり減ってしまったり、空焚きしてしまったことも数度。鉄瓶は、空焚き厳禁。

我が家の鉄瓶も、空焚きで、素敵だった外側の黒い漆か何かの被膜が取れて、茶褐色の錆色になってしまったし、内側の酸化被膜も破壊されたらしく、錆色っぽくなったところがある。

でも、水の外観に変化は感じられないし、錆は無害らしいから、いいか。

そんなこんなの1年が過ぎて、この間のドック、鉄欠乏性貧血に関連する数値が全て正常となりました。ドックの先生も、「鉄瓶が効きましたね」。

鉄瓶は威力があります。その上、鉄瓶で沸かしたお湯（水）はおいしい。とてもマイルドになって、素の水はミネラルウォーターでも飲まないカアサンが、何の抵抗もなく飲める。

錆が出てからの水は、神経を集中させて味わってみると、舌に微妙な錆味が感じられなくもないけれど、普通に飲めば、気にもならない。鉄瓶の湯で緑茶をいれると、タンニンが鉄と結合して渋みが抑えられ、まろやかなよい味になる。まだやっていないけれど、コーヒーもきっとそうでしょう。

これは、鉄分を摂取するための素のお湯（水）とは、別腹ですが……。

クッキーや、いつか貴女が鉄不足になった時には、おいしい鉄瓶の水を飲ませてあげるからね。

　というわけで、これからも、鉄瓶の水とお付き合いしていきます。やがて……、カアサンは〝鉄の女〟になる……。やがて……〝サビる〟?!

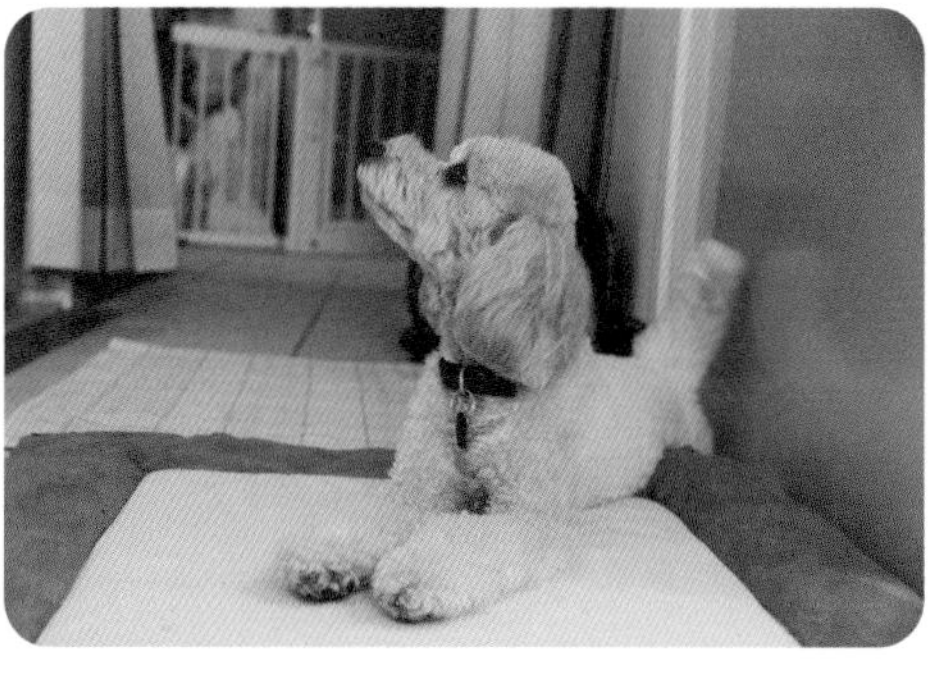

花見

2017年4月12日
クッキー10才1か月

季節は巡り、サクラサク。なんだか、地球の動きが感じられるような……。

先日、丸の内での用事を済ませた後、和田倉噴水公園へ向かいました。公園を内堀通り側へ出ると、暖かい陽気、桜の見頃に、切れ目ない人々の流れがお堀沿いに大手門へ続いていました。カアサンたちもその流れに乗って、大手門から皇居東御苑へ。

御苑の中もにぎやかでした。外国人がとても多い。観光地として知名度が高いのでしょうけど、彼らの印象はどうだったかしら?

きれいな石垣、古めかしい質素な番小屋などはあるけれど、いわゆる〝目玉〟的なものはない。人工的に整備した庭園でもないし……。それでも日本人にとっては、観光地というよりも、この場所、皇居という場所を散策していることに心地よさを感じたり、サムライたちが行き交う往事の江戸城に、思いをはせることもあるかもしれない……。そんな場所であることを外国の人が理解して、期待はずれではなかった、と感じていただければいいなあ。

緩い坂を上がっていくと、視界が開けて、明るい芝生広場に出ます。そのずっと奥には、満開の桜が。この芝生に座って、職場の若い同僚たちと花見をしたことが懐かしく思い出されました。もう、7、8年も経ってしまった？

物事は絶えず移ろいます。丸の内という場所、日本、東京を代表するこの場所も、例外ではなかったようです。永らく変わらぬたたずまいだったこの地も、再開発という名のもとに、大きな変貌を遂げつつあります。

丸ビル、新丸ビル、東京駅舎、そして多くの古いビルが、風格のある建物に姿を変えて、洗練された街路に変身しつつあります。広場のように広い、クッキー（この日は留守番だけど）の好きな行幸通りも、大規模な整備のために閉鎖されていました。

カアサンが最後に勤務していたビルも建て替えられ、姉が勤務していた旧日本興業銀行本店（現みずほ銀行本店）ビルも、轟音とともに解体が進んでいました。

再開発によって、東京の多くの場所がピカピカの誇り高い街に変身し、多くの人々を集めています。

そして、新しい顔になって未来へ引き継がれていく……。誇らしい半面、以前の姿を知るカアサンなどにとっては、見知らぬ街のようになってしまって、とまどうこともある。

チョット寂しい。

でも、丸の内は違う。ピカピカのビル街から転じて、お堀の向こうに目をやると、深い緑に覆われた皇居の森が、時の流れを止めたように、いつの時代も、変わらない姿で人々を迎えてくれる。

近づいていくと、重厚で美しい松林が広がり、お堀の水面には、水鳥の描く穏やかな波紋が流れていく。

ここに、変わらない東京がある。懐かしさを受け止めてくれる場所、ホッとする場所でもあります。

ところで、クッキーとの花見は、今年もいつもの公園のいつもの場所でした。満開となるはずの週末は、パッとしないお天気だったけれど、10組くらいは宴を開いていて、クッキー一家も、なんとか場所を確保しました。

でも、クッキーは、〝花よりにおい嗅ぎ〟で、伸びた草むらの中を、泳ぐように跳び回っていました。

ラ・ラ・ランド

2017年5月12日
クッキー10才2か月

映画って、ホントに久しぶり、『千と千尋の神隠し』以来。この間、新宿で、『ラ・ラ・ランド』を観ました。

アカデミー賞を6部門で受賞して、よさそう。そんな軽い気持ちは、オープニングのシーンで完全に圧倒されました。

大渋滞のハイウェイで、大勢のドライバーたちの心を揺さぶるようなダンスと歌……。すごい‼ しかない。どうして、ダンサー同士や車とぶつからないのだろう？（さすがアメリカ！ ハイウェイを止めてこんな撮影ができるんだ！）

主人公の二人、セブ（ライアン・ゴズリング）とミア（エマ・ストーン）も素敵でした、とても、とても……。

ストーリー自体は、スタンダードなジャズを聴かせる店を持ちたいピアニストと、アルバイトをしながらオーディションを受け続ける女優の卵が、愛し合いながらも、それぞれの目標に向かってチャレンジしていく、というシンプルなものです。

とにかく、鮮やかで、美しい色彩！　ジャズをテーマにしたミュージカルは初めてでしたが、美しく、何か切なく心にしみ入るメロディーとリズム！　そして、二人の優雅で素敵なダンス！　コンピューターグラフィック技術などを駆使したような幻想的な画面の中で、舞うように踊る二人の姿に引き込まれました。

ラストの、ミアの心の動揺を映像化したような演出と、セブの驚きから吹っ切れへと変わる表情は、出色でした。心に残りました。

ここからは、観た人にしかわからない話ですが、チョットした疑問、二人は「いつまでも愛している」って言っていたのに、偶然に出会うまでの5年間、お互いの情報を知ることがなかったのかな？

でも、そんな疑問は無用な素敵な映画でした。

監督と作曲者は、30才そこそこの若い同級生だとか……、すごい才能。そして、そんな若者たちに、巨額の制作費を提供したスポンサーもすごい。アメリカンドリームを実現させる土壌があるのですね。

昔観た、『サウンド・オブ・ミュージック』や『ウエスト・サイド・ストーリー』のようなスタンダードなミュージカルとは違う、これが、現代のミュージカルなのだと知りました。
音楽好きのトウサンは、サウンドトラックアルバムを手に入れてきました。

余韻が残って、数日後、もう1回観よう。
前売りが買える上映2日前に、トウサンが映画館に出かけたら、2日後の昼のチケットは、一番前の3枚しか残っていなくて、一番前で観ることに。インターネットで予約する人が多いようです。

その日は、上映開始時間が20分ぐらい遅れました。落雷の影響だとか。映画館が入るビルの横手には、例のゴジラの大きな頭が覗いています。その雷って、ゴジラがねらわれたの？　それとも、ゴジラが火を噴いた？

ところで、留守番のクッキーは、大いに不満だったでしょう。遊びに行くときは一緒って、彼女は思っているはずですから。なのに、カアサンたちにいい映画を見せてくれてありがとう。

草に埋もれて

2017年6月31日
クッキー10才4か月

いつもの公園、いつも遊ぶ高さ2mもない盛り土の小さな山、この日は草が伸びすぎていたので、山裾の踏み跡のついた通路を歩いていました。振り返ると、あら？　いつだってついてくるクッキーの姿がない。

トウサンの方へ戻ったのかな?と思ったら、山を覆う草むらが動いて、クッキーの頭がヒョイと見えた。彼女は習慣で山へ向かって走ったらしい。全身、完全に濃い草むらに沈んで見えないけれど、ジャンプすれば頭が草むらの上に出る様子。ジャンプしながら通路に降りてきて、通路のこちらで呼ぶと、すっ飛んできた。

十数羽の若鳩の群れが、公園の木にたむろして生活していました。人気がなくなると芝地に降りてお食事。一列に並んで、光の中を行く。

なんとも不安そうな表情！
全身に、小さな草の種が付いてました。草むらにとっては、ウェルカムなお客さんだったようです。

可愛い手紙

2017年9月15日
クッキー10才6か月

早くも9月の半ば、町中はともかく、公園に出ると、何か爽やかな風に出会うことがあります。季節が動いているって、体感することがある。

爽やかな秋は待ち遠しいけれど、去りゆく夏へのチョットした感傷。微妙な季節の狭間です。

さて、落ち着いた秋になると、チョット手紙でも書いてみようかな?っていう気にもなり……。

大型店の文房具売り場には、便せんや封筒、素敵なグッズが並んでいます。今すぐに使う予定がなくても、ついつい、買ってしまう。やっぱり、可愛いのがいいなって。

でも、いざ書くってときになると、なんだかおとなしい、落ち着いた柄なんかを使っていました。もう、今から数年前までは……自分の年相応に……と思って。

その数年前、以前の職場で一緒だった若いおかあさんから、とっても可愛い手紙を頂きました。いろいろと細工がされたりして……。心が、ポッと明るくなるような……。

で、カアサンも目覚めた……。あ、やっぱり可愛いのがいい！　引き出しから可愛いのを引っ張り出して、もう、年なんて関係ないんだ。好きな便せん、封筒、はがきがいい。というわけで、カアサンの手紙も、すっかり可愛いスタイルになりました。可愛い手紙を送ると、相手からも可愛い手紙が返ってくる。可愛いって、連鎖するんです。

年をとってみると、何かしようとするときに、その制約がなんとなくつきまとってくる。でも、手紙ぐらいいいでしょ。いつになっても、可愛いって魅力……。

可愛い便せん、可愛い封筒、可愛いはがきｅｔｃ。書いて楽しい、見て楽しい。

若いおかあさんからもらった可愛い手紙をかざして、〝どうよ、きみたちギャル友なんて、いる？〟。

クッキーは首をかしげるし、トウサンは、グウの音も出ない。

白内障

2018年6月19日
クッキー11才3か月

クッキーが、白内障になりました。年が明けた頃、気づきました。つぶらな瞳に、うっすらと白い影が……。

「クッチャン、とうとう来たね」

トイプードルに多い、とは聞いていたけれど、クッキーも年ですね。

5月の狂犬病ワクチン接種のときに、動物病院で確認しました。「そんなに困ることではないですよ」と先生。「犬は、視力0・1ぐらいで、ほとんどにおいと音で判断するんです。手術もあるけれど、片方で20~30万円ぐらいかかりますから、専門の先生を紹介はしますけど。目薬もあるけれど、何回もさすのは大変だし……、使ってみますか?」と言って、サプリメントを出してくれました。

ルテインという、カルテノイドの一種でした。テレビで、眼の症状などに宣伝しているサプリメントの成分です。サプリメントには、チョット胡散くさい思いがありますが、クッキーのこととなると、ハイハイ、と貰ってきました。

飲ませるのが大変だなあ、と思ったけれど、囓ってみると、カプセルが硬くて、無味。クッキーも、最初は何の抵抗なく、ごはんと一緒に口に入れられました。でも、やっぱり、長くは続けることはできませんでした。

まだ初期症状で、チョット見にはわからないし、彼女の動きにも、眼の不自由な印象は全くない。でも、やがて、ボールの飛んだ先がわからなかったり、室内歩きに不自由したりするときが来るかもしれない。

そのときは、頑張って手術を受けさせようかと思っています。

水色の家

2018年7月26日
クッキー11才5か月

「アレ‼　ない‼」

週末、いつものとおり、クッキーと散歩した公園からの帰り道、幹線道路、いつも大きく迂回している水色の家がない‼　その場所は、テント布のような隔離シートに囲われて、中に重機が1台入っているけれど、残骸もなさそう。

先週までは、何の変わりもなかった。

その家が、周囲に目立つようになってから5、6年にはなるでしょう。周辺は、広い歩道と2車線への道路拡幅で、街路はきれいに整備され、その家の四周、軒先まで重機が動き回り、道路がきっちりと造られていました。

その家は、ちょうど、道路の真ん中に取り残された形でしたので、車道は、家を大きく迂回する形で蛇行していました。その家だけを残して道路がすっかり出来上がってから、2～3年は経ったと思う。

以前に乗ったタクシーの運転手さんも、「水色の家」を語っていましたから、知る人は少なくなかったようです。

カーテンは閉められているけれど、時には洗濯物が干してあるときもあるし、玄関には、いくつもの鉢がぶら下げられている。小さいけれど、可愛い、可愛い二階建ての家でした。

地の利が良いわけでもないけれど、住人の方は、さぞかし、思い入れがあったのですね。

人ごとながら、ちょっと寂しい。誰か、自転車の人が、写真を撮っていました。

翌週、その場所は、何事もなかったように、小さな更地になっていました。その更地の上を、道路が真っ直ぐに走るのも、そう先のことではないでしょう。

河口湖

2018年12月7日
クッキー11才9か月

紅葉の季節がやってきて、さて、今年はどこへ行こうか？　いつもの箱根もいいけど、河口湖にいい宿があるって知って、こちらを予約しました。

宿泊予約がびっしりで、やっと部屋を確保。

我が家からは、箱根よりかなりアクセスがいいはずだけれど、当日、雨……でした。高速に乗った頃はたいした降りではなかったけれど、次第に雨脚が強くなってきて、トウサンも緊張、緊張。

併走する大型車の水しぶきを頭から浴びせられて、この間、車検できれいに洗車してもらったばかりなのに……。なんていう文句は、もうさっぱり捨てました。

その雨も、河口湖インターを降り、目的地に近づくに連れてすっかり軽く。我が家のカーナビデータが古いため、ホテルの名称、住所もセットできず、近くにある施設を目標にしたら、道を間違えたりで、樹海のような森の中の細い道を走り回り、ヤットコサットコご到着。

なんだかでこぼこの駐車場に車を入れていたら、「こちらへどうぞ、そこは従業員用ですので」と、ホテルの方。やれやれ、と入っていった駐車場は、キチンとしていたけれど、空いていたのは、やけに大きな水たまりの中の1つのみ。

ヤブレカブレで、靴を水で濡らしながら、目的地に降り立ちました。


ホテルの室内は、ゆったりとした造りで、キッチンの備えもよく、温泉風呂などなど、なかなか立派。部屋にはドッグランが付属していて、乾いていればサラサラの落ち葉に覆われて、気持ちがよさそう。残念ながら、翌日も濡れていました。


ディナーは、洋風料理のように1点ずつ運ばれてくる和食で、味も造りも、おいしかった。ただ、クッキーは違いました。彼女は、雨の長い道中に疲れていたし、レストラン内の見知らぬ犬たちに緊張していました。

実際には、右隣のテーブルのフレンドリーなイングリッシュコッカースパニエルを、しっかり睨んでいました。

注文したささみ料理には全く興味を示さないので、持って帰って、温めたり、混ざっていた野菜を取り除いたりしてあげたら、多少食べてくれました。緊張で固まっているクッキーとは違って、左隣テーブルのトイプーちゃんは、ささみのごちそうを食べ、ママの膝でまったりとお休み。

年配の女性と、その娘さんらしい二人連れは、5泊目ですって。うーん、1泊でも安くはないのにー。

そのママに抱かれたトイプーちゃんは、可愛いピンクのドレス、「男の子なんですよ」とママ。可愛いですね！

可愛いお嬢ちゃま、いえいえ、お坊ちゃまは、お二人の天下を取っているらしい。

翌日の朝食も、和食でよい料理でした。隣のお坊ちゃま、今日も、昨夜とは違う、可愛いドレス。

やや‼　クッキーや、今日も昨日と同じスカーフだったわね。

光る床

2018年12月27日
クッキー11才10か月

ホテルの一夜は、クッキーにとっても、私たちにとっても、散々でした。

クッキーが、部屋の床を歩けない。最初にソファーから飛び降りて滑ったから？というわけではなさそう。足が踏み出せなくて、〝ワン、ワン〟。

濃い色の床は、ワックスが刷り込んであって、灯りに、ピカピカ光っていました。特に滑りやすいわけではないけれど、テカテカ光るのが怖いみたい。どうしても踏み出せない。

「クッキー！　クッチャン！」

大好きなカアサンが離れたところから呼んでも、ソファーの上で首を伸ばして、そわそわ、そわそわ……だけ。

ソファーの足下に家から持ってきたミニ毛布を敷いて、彼女はその範囲から一歩も離れられず、結局、クッキーとカアサンは、ソファーで寝ることとなりました。

それでも、翌日、外のベランダに光が溢れていました。雲一つない絶好の日和。元気が出ます。朝食後、ホテルの周辺を散歩。

周辺には、同じような、というかちょっと古びた建物が何棟か建っていました。お掃除の方に聞いたら、そのうちの一部をホテルの経営者が買ってきれいにした、とのこと。

とにかく早々と客室を出て、河口湖方面へ向かいます。

天気は絶好、紅葉も見頃、さすがに、車列の切れ目がありません。西湖へ向かっているらしい道中、とりあえず河口湖にある美術館へ。

湖に面した美術館は、絶好の立地にありました。広大な芝地、輝く湖面、きれいな水が流れる池、周辺でチョットした食事も済ませ、ここで今回の旅は折り返し。

クッキーにとっては、苦難の旅だったでしょうか？　でも、トウサンは、今度は敷物を持っていって、床に広げて彼女が動けるようにする、とか言ってます。

部屋自体は悪くないし、食事もとてもよいから、リピートOK、ということのようです。

ウグイス

2019年5月8日
クッキー12才2か月

連休に入る前の週末、久しぶりに御岳の方へ向かいました。

ちょうど昼時、向かった食事処は、相変わらず賑わっていました。庭園に配置されているテーブルの中からなんとか席を見つけて、うどんをいただきます。水がいいのでしょう、おつゆがおいしい。

腹ごしらえが済んで、庭園から多摩川の岸辺に下りる。なんとも穏やかな明るい日差しの中を、のんびりと散歩。

澄んだ水、流れは速く、カヌーやラフティングが流れていく。ロッククライミングで大きな岩に挑むグループがあり、マットを背負った人たちとすれ違う。

ホーホケキョッ、ってウグイスの声が響いていたけど、だんだん声に近づいてきて、
エッ？　この木？

花の散った桜の木に目をこらしてみると、いました‼　枝先の方に、地味な草色っぽい鳥影が動いています。食べるより、さえずりに磨きをかけているらしい。自信はないけれ

ど、とにかくカメラを向けてみました。


家に帰ってプリントしてみたら……。しっかり写っていました!!

ウグイスなんて、声はあまりにも聞き慣れているけれど、姿を見たことなんてなかった。

だいたい、濃い葉陰に隠れて見えないのが当たり前だった。

本当にビックリ!というか、嬉しい。この時期だからこそのご褒美でした。


クッキーも、ただ歩くだけじゃ不満!!っていう時代は過ぎたかな? おとなしくついてきて、結構疲れたらしく、帰りの車では、爆睡していました。

斗星

2019年6月20日
クッキー12才3か月

最近は、本屋さんへ出かける機会が減って、身の回りに読む本がなくなってしまった。

そんな時、新聞の読書欄に、「傑作であることは間違いない」というコメントが。エッ？傑作？　傑作なら読まなきゃ。

その本は、『斗星、北天にあり』（鳴神響一著、徳間書店）という戦国もの。チャンバラものは、カアサンのジャンル外なのだ。昔々、子供の頃、チャンバラ映画を見て固まった。以後、キラリと光る刃物の出てきそうな映画、テレビ、本、ｅｔｃはお断り。

でも、ネットの書評の中に、「戦の場面がなかったのが残念」のような意見があったので、チョット安心。

早速、トウサンに、駅前の書店に行ってもらいました。トウサン……店にないし、出版社にもないらしい。古い本なんじゃない？

それなら、とネットで発注。いつもならすぐに届くのに、ひと月以上も経って、やっとやってきた。なんと刊行日は２０１８年11月、今、２０１９年6月で3版になっていました。ネットで購入したのが2月始めだったと思うので、そんな短い期間に3版にもなっていたのだ。書評の効果は大きいなー……。カアサンみたいのがいるんだ！

戦国時代、出羽の国の若い殿様が、年配の知将を参謀にして、優れた治世を行い、国固めに尽力したというおはなし。

刃物が出てきた2カ所ぐらいは、1、2頁飛ばして読了。久しぶりに、一気に読みました。淡々として簡明、主人公の爽やかさが印象に残りました。

ただ、〝澪〟は、後になって、刺した相手が実の父だったことを知ることになるのかなあ？　クッキー、どう思う？

夏の思い出

2019年8月13日
クッキー12才5か月

長い梅雨が明けて、途端に酷暑が襲ってきました。もう、あの押し寄せる熱波の街に出かけていくのはいいや。でも、クッキーと一緒では、遠くへ逃れることもできない。

クッキーが我が家へ来た10年余り前までは、カアサンたちは、北海道へ、その後は沖縄方面へと、毎年繰り出していました。

北海道をほぼ全周し、沖縄方面を全周し、最後の数年の行き先は、宮古島へと決まっていました。

鳥たちに会えるから……。最初に宮古島を訪れたとき、ジャングルっぽい大野山林を歩いていると、野鳥の会のおじさんが、鳥がいるよ、と言って、小さな池を教えてくれました。縦横10×20mくらいのコンクリート製で、池の周囲は開けているけれど、すぐ近くまでジャングルが迫っている。1カ所だけ、枯れ枝などが積まれて、カムフラージュされたような造りになっていました。

カムフラージュの後ろに、小さな折りたたみ椅子を置いて見ていると、すぐに鳥たちがやってきて、水面をかすめたり、水辺を歩いたり。背景のジャングルからは、にぎやかに鳴き交わす声が……。

そして、待望の声、キューロロロロ……と、尻下がりに響く美しい声。やがて、その鳥、（リュウキュウ）アカショウビンが、姿を現しました。

大きなくちばしから足先まで全身朱色、ムクドリより少し大きいかな？　ジャングルの枝や、池の中に立っている枯れ枝にふと止まり、水中に飛び込んで一瞬に戻る。カアサンたちのすぐ頭の上の枝で、捕まえた虫を、枝に打ち付けていたり……。

目の前で繰り広げられるショーはなんだか夢みたいでした。青い目のサンコウチョウ、地味なオオクイナ、カメさん、チョットはずれた道端には、キンバト……。そして名前も知らない鳥たち……。

本当に、鳥たちの楽園のようでした。

そして、何回目かの訪問のとき、突然、ドヤドヤと、白シャツのおじさん軍団がやってきて、小さな池の周囲に、釣り堀のように座り込みました。埼玉から来たとのこと。みんな、白い大きな望遠レンズ付きカメラを抱えている。

エエッ？　こんなに目立つ布陣で、彼ら（鳥たち）は、現れる？（カアサンたちは、一応、迷彩柄のシャツと帽子を身につけていた）

それでは、わたしたちは帰ろうかと帰り支度を始めると、そのうちの1人がやってきて、「ここ使わせてもらっていいですか？」と聞いてきました。もちろんです。

今だったら、もう少しいいカメラを持っているのになあ……。あのおじさんたちのほどではないけれど……、と思うけど、クッキーとの生活と引き替えに、あの素晴らしい経験は、〝夏の思い出〟の中に仕舞われました。

北海道にも、野鳥と出会える素

晴らしい場所があったけれど、とにかく、熊さんが怖かった。

それから数年、あの池が枯れたというニュースをネットで知りました。暑いジャングルの中の貴重な水場は、今、どうなっているのでしょう？

そして、今、年に一度、マンゴーを市場から送ってもらうことで、宮古島とはささやかなつながりを持っています。

白内障ではなかった

2019年10月25日
クッキー12才8か月

この秋最初のイベントは、クッキーの〝白内障〟！　カアサンが最初に気づいたのは、去年の正月頃。

その5月、ワクチン接種のときに獣医さんに診ていただいて、手術するなら専門医を紹介しますよ、と言われていた。

それから約1年半、彼女の目の変化は、明るいところなら、誰にでも気づかれるようになりました。なのに、彼女は目が不自由そうには全く見えない、よく見えているらしい。

ただ、手術時期を失うと、手術できなくなるとも聞いていたので、少々あせっていて、決断しました。

眼科専門病院へ行こう。

ネットで調べて、T動物眼科専門病院を知りました。各地から、紹介の患犬が来ているらしい。

早速予約して、当日、結構混んでいたけれど、それほど待たずに呼ばれました。怖がりで抵抗するクッキーを心配していたけれど、明るくやさしそうな副院長先生が、さすがにうまく扱ってくれたようです。

初日の検査には2、3時間がかかるとホームページに開示されていたのだけれど、思いがけなくすぐに呼ばれました。

「白内障ではありませんよ」

加齢による「核硬化症」ということで、見えてはいるとのこと。

眼底写真もきれい、白内障では光が届かないのできれいには映らないとのこと。

「少し青みがかっているでしょ?」

確かに、真っ白ではないしうっすらと青みを帯びている。〈あーおい目をした♪〉クッキーもいいね！

特に治療の必要もないけれど、トイプードルには遺伝性の白内障があるから要注意ですって。

本当によかったね、クッキー‼　クッキーが手術というリスクを負わなくてよかったこと、そして治療費。実際、治療に来ていた人が、両眼の手術で１００万円くらいかかったと言っていましたから。

覚悟はしていたけれど、とにかくホッとしました。

去年の５月に獣医さんに勧められたサプリメントは、「効くことはないから、使っても使わなくても、どちらでもいいですよ」ですって。

ネットで購入して今家にある分がなくなったらやめることにしよう。

なにか晴れ晴れした気分で帰路につきました。

洗濯機

2019年12月16日
クッキー12才9か月

いろいろなものが壊れます。先日、乾燥機がいきなりストップしました。まだ、購入して7、8年だと思うのに……。修理の方に来てもらったら、「もう、寿命です。替えた方がいいですよ」。

すぐに必要なものなので、仕方ない、いろいろ探しました。とにかく高さ。置き場は、天井に棚を作ってあるので、高さが低い。どうも、洗濯機自体、調子が悪くなっているので、洗濯機を替えたときに、すんなり収まるかなあ……。

新しい洗濯機と乾燥機がうまく収まるのか、高さ、幅、奥行き、いろいろ調べまくったけれど、どうしても高さが足りない。洗濯機と乾燥機の間隔が狭くて、洗濯機の蓋がしっかり開けられそうにない。

仕方ない、分離型の乾燥機をあきらめました。初めて買うドラム式。こちらもいろいろ調べました。

普通サイズだったら、大体入る。だけど、せっかくならいいのがいいなあ……。いいの、っていうのはヒートポンプ式の乾燥。温度が上がらなくて、乾燥時間も早い。

頑張って、結構高いのを買い込みました。ちょっと心配だったのは重量、サイズも、置台にやっと、という感じ。

思っていたとおり、搬入は大変でした。「梱包を解いていない状態なら、キャンセルできますよ」って、搬入してきた人も、ちょっとビビっているらしい。

とにかく入れてもらって、ひと安心。早速、洗濯にとりかかろう。

今までのに比べて大きくて楽々！　いそいそと、スイッチオン。

やがて、洗濯機の方から、ガタガタ、ガタガタ、大きな音！　慌てて行ってみると、脱水中。デカいボディが、ユッサユッサと揺れて、床も一緒に揺れている。79kgもあるんだ……。

クッキーも、大きな乱暴者に、目を見張っている。

慌てて〝ストップ〟させて、13分以上となっていた脱水時間をすぐに止めました。

これは、ちょっと重すぎたかな？　洗濯機の置き場は、床面より8㎝くらい高くなっていて、その下は、配管とかそんなスペースになっているから、多少はいいかな?とは思うけれど、とにかく、階下に迷惑をかけてはいけない。

それからは、脱水時間を最低ランクの3分に設定。夜遅くにはやらない、など、結構気を遣いながら動かしています。

集合住宅暮らしは、結構気を遣うのよって、新入りの洗濯機にも言い聞かせています。

歌手Oさん

2020年1月16日
クッキー12才10か月

この間、BSテレビで、Oさんのコンサートを見ました。チョット感動……。観客席には、若い女性がいっぱい、一緒に口ずさんでいたりする。彼のことは知っているようで知らなかった。もう少し聞きたいな。

だけど、CD屋でも開けそうなトウサンのコレクションにも見あたらなかったので、買いました。〝ザ・定番〟という3枚組。

歌詞ノートを見てビックリ‼　今まで、歌詞はほとんど気にしていなかったのだけれど、17曲ぐらいずつ入っている3枚のうち、「君」「あなた」「彼女」「二人」「愛」「恋」というタームの入っていない曲は、3曲ぐらい‼！　巨匠だあー。

あの年齢（70才前後?）まで、一途にこの道を歩いてきているんだ。でも、ベタベタした詩ではないから、大人の女性にも受け入れられている。

歌手Nさんのように、とてつもなく広い世界へ導いてくれるのはすごいけれど、彼のようにただ一筋の道を追及するのもまたすごい。

あの番組を見たとき、チョット違和感があったのは、普通あのぐらいの年齢の歌手のコンサートでは、一緒に年を取ってきたおじさん・おばさんファンが多く見受けられるのに、あの会場には、おじさん・おばさん、ことにおじさんの姿が見受けられなかったこと。30代ぐらいの女性が多かった。

CDを買ってみて、理由がはじめてわかりました。でも、とにかくドライブしながら3枚を聞き流してなじみやすい曲をピックアップし、トウサンが1枚にコピーしました。その1枚を聞いて、改めて、彼の声の素晴らしさ（声帯の強さ）、曲の美しさ、バックコーラスの素晴らしさに感動。

耳にやさしい響きで、カアサンの膝の上で居眠りしているクッキーにも、やさしく響いたようです。

それ以降、彼のCDは、ドライブのよき友になっています。

ポツンと一軒家

2020年2月17日
クッキー12才11か月

テレビの『ポツンと一軒家』という番組、結構好きなんです。人里から離れた自然の中で、ただひたすらに、生きるための作物づくりに取り組んでおられる住民の方々の姿に、感銘を覚えます。

この間、とても素敵なご夫婦が出演されていました。82才と88才のお二人。

その一軒家は、例のごとく、林道のような細道をくねくねと登った先にありました。深い森の中の開けた一画、住まいの周囲には例のごとく、さまざまな作物が育っている。だけど、部屋の中は、とてもきれい。そして、美しい造花や、水墨画が飾られていました。奥さまが、「退屈なので」と、若い時に身につけられたワザを続けておられるようです。

その88才の奥さまは、「お料理が楽しい」とおっしゃる。その明るい笑顔がとても素敵でした。「好き」ということは言えても、「楽しい」と言えるのは別格。なんと豊かな人生を歩んでおられることだろう!!

ビックリしたのは、ご家族がもう一人、いや、一匹。5才のトイプードルちゃん。フレンドリーな黒プーちゃんは、可愛い洋服を着て、ご主人に抱かれていました。さぞかし、可愛がられているのでしょう。お二人にとって、さぞかし大切な存在なのでしょう。

だけど、その若さと、お二人の年齢、これから、10年、十数年と命が予定されている黒プーちゃんは、どうなるの？

タヌキ、イタチ、イノシシ、シカ、と野生動物が出没するという山の中で、無力な黒プーちゃんが残されるようなことになりませんように……。悪い予想はやめましょう！奥さまには、お母さんを気遣うお嬢さんがいらっしゃるようですから、黒プーちゃんのことも考えておられることと思います。その〝犬生〟が安寧でありますように。

我が家のクッキーは、来週、13才になります。これからも、健康でいてほしいと思いつつ、人の命は予測がつかないことを思うと、なんとか無事に、彼女を見送れることを願わずにはいられません。

コロナ

2020年4月16日
クッキー13才1か月

コロナ、コロナ、コロナ。今や、私たち、いえ、人類は、目に見えない、においもしないコロナというウイルスに追われています。

なんという感染力、中国のどこかで、何か騒ぎが起きている、くらいに思っていたら、瞬く間に、全世界を巻き込んでしまった。

いつまで続くのでしょうか？　南半球でも猛威をふるっているってことは、季節性ではないの？　6月、7月になってみないとわからない。とにかく、今を抑え込んでいくことが何より大切。

かつて、ビル・ゲイツさんが、人類を滅ぼすのはウイルス、核以上の脅威であると話されました。ＡＩ時代などといわれる技術革新の行き渡った人類の世界に、絶大な原始の力が見せつけられました。滅ぼされないためには、とにかく〝Ｓｔａｙ Ｈｏｍｅ〟。

さほどに恐ろしい未知のウイルス……。なのに、私たちにできることは、〝Ｓｔａｙ Ｈｏｍｅ〟だけ。

命を削る思いで最前線に立って働くお医者さん、看護師さん、その他諸々の医療関係者さん……。髪を振り乱して（思いで）、抗ウイルス薬、ワクチンの開発に挑む学者、企業研究者の方々……。

まだまだ続く彼らの苦しい戦いを思うと、胸が熱くなる。無力な私たちの〝Ｓｔａｙ Ｈｏｍｅ〟は、彼らに対するささやかな応援。ジッと我慢の日々を重ねて、感染者数が収束に向かった‼　薬が見つかった‼という、朗報を待ちたい。

その後に続く特許戦争が、人類に対してやさしいものでありますように……。

〝Ｓｔａｙ Ｈｏｍｅ〟は、世の中の多くの人々、特に、ささやかな営業の中で生きる人々に、大きな犠牲、危険な犠牲を強いることになります。国は、その犠牲を支えなければならない。ウイルスに倒れる人々に加えて、路頭に迷う人々が溢れる、なんていうことがあってはならない。せいぜい数か月から1年程度、国も、自己の財布の中身ばかりに執着せずに、庶民の財政を守ってほしい。足りなければ、随時、復興特別所得税のような税金を課せばいいのでは？　日本は消費税が低いといわれているのですから。その程度の負担は、私たちでもできますよ。

それにしても、〝Ｓｔａｙ Ｈｏｍｅ〟って、結構大変！

クッキーと一緒に、広大な緑地へ出かければ、マスクはいらない。芽吹きの柔らかな色合いが、なんと美しくやさしく答えてくれることでしょう。

自粛

2020年5月16日
クッキー13才2か月

〝自粛〟というのが、もう、どのくらい続いたでしょう。〝Ｓｔａｙ Ｈｏｍｅ〟も、「家にいられる‼」だけだったらラッキーだけれど、なかなか、そうもいかない人たちもいるらしい。

ストレスをため込む人々がいて、そのストレスをため込んだ人々と過ごす奥様方にも、ストレスがバサッと……。経済面ばかりでない、さまざまな苦労があるらしい。

我々ささやかな自粛者にも、コロナ禍になって身の回りから消えた品々が、そろそろ帰ってきてもいいのではないかしら?

まずは、マスク。この頃は、マスクとは何の関係もない店にヤマヅミされたりしている。値段は値崩れ気味、日本製でもないし。うちでは、数年前に買って残っていた日本製の1・5箱があって、大助かり。あまり外出しないので、今もまだあるけど、なくなったら、はやりの手作りマスクにしようかな。

今、気になっているのはハンドソープ。ワンコがいることもあって、結構使ってきました。でも、ふと気づいたら、ない‼　スーパーにも、ドラッグストアにも‼　若干の備えはあったけれど、これがなくなったら困る。ネットも、大手通販は、全て〝Ｓｏｌｄ　Ｏｕｔ〟。楽天やアマゾンでは、10倍もの値段がついている。

輸入品ではないから、どなたか、たくさん持っているのでしょうかね？　アルコールティッシュも、買いためる前になくなってしまったし……。まあ、なくなったら、固形石けんを使いましょう。不便だけれど、もともとは石けんだったのですから……と、除菌・殺菌用の石けんを買ってきました。

それにしても、なんという世の中でしょう！　カアサンたちのように年季が入っていても、初めての経験なのだから、若い人たちにとっては、どれだけ苦しい日々でしょうか。本来なら、オリンピックに気分浮き立つ季節だったでしょうに。

でも、こんな息苦しい自粛の中、広大な草地広場の片隅、大きな樹陰で、爽やかなひと時を過ごすことができるのは、なんといっても、クッキーのおかげです。クッキーもカアサンたちも、チョット元気になって帰ってきます。

ところで、緑茶を仕込んでいるお茶屋さんからのホットニュース、〝緑茶を飲んでください〃。K予防医学研究所の所長さんの比較研究で、緑茶（の成分）に、レムデシベルなどと比べて強い抗新型コロナウイルス作用のあることがわかった、というのです。イン・ビトロ（試験管内試験）だし、どのくらいの量で有効なのかわからない（やかんいっぱいも飲めなーい!!）から、真偽不明ですが、なるほどなっていうところもある。日本では、死亡者の割合が、ケタ違いに低いことと関連があるのでは、っていうこと。長年飲み続けていることともリンクするのかな？　とにかく、なんかもやもや、はっきりさせてほしい。

　このニュースを、マンションの友人にメールしたら、「ウレピー（嬉しー）。毎日飲んでる」。

　トウサンは自慢げ。毎日、濃くて苦みのない緑茶を、「コロナ　ティー」と言って、作ってくれる。なんだかんだ、わからないことばかりに動かされる日々が続きます。

マンゴー

2020年6月12日
クッキー13才3か月

なんだかんだ、もやもやしているうちに、ふと気づいたら、マンゴーの季節！

例年、沖縄宮古島の市場では、4月ぐらいから注文を募っています。それを、すっかり忘れてしまった。慌ててホームページを開くと、〝緑のマンゴー〟オンパレード‼　これから収穫されるキーツ種らしい。

赤いマンゴーのコーナーがない‼

ああ、仕方ない、今年は緑のマンゴーかなあ。それでも、一応電話してみました。

「○○と申しますが、赤いマンゴーは、もうおしまいですか？」

電話の向こうから元気な声が帰ってきました。「いや、ありますよー」

「ホームページに載ってないのですが」

「載ってないですか？　見られるようにします。いつもの○○さんでしょ？　○○さんから注文を貰うと、胸キュンとなって、もうしばらく頑張ろうかって、なるんですよー」

面識があるわけではない、この十数年、この時期にマンゴー注文のためのメールをやり取りしただけなのだけれど、なんと、おおらかで、開けっ広げな（失礼）おじさんなのだろうか……。典型的な沖縄人のおじさんに感謝。いつか、メールで野鳥の楽園の池のことを書いたときに、「今度来た時には、野鳥の会の会長を紹介しますよ。知り合いなので」と返信してくださった。お愛想が上手、と思ったけれど、もしかしたら本気かもしれない。観光客が減ったでしょうから、お土産を売るお店は大丈夫かしら？　頑張ってほしいなあ……。

とりあえず電話してラッキー!!　そして、なんと、その日のうちに、赤いマンゴーの選択肢がホームページに掲載されました。夜遅くに気づいて、慌てて注文を入れました。そして翌日、見直すと、赤いマンゴーの選択肢はごく少数になっていて、ヒヤヒヤ。

嬉しい、今年も、おいしいマンゴーを口にすることができそう。

マンゴーといえば、ふと思い出すのは……、クッキーが幼い頃のこと、部屋の隅に置いてあった届いた

ばかりのマンゴーを、ガブリガブリと潰されてしまったこと。慌てたけれど、食べているのではなかった。顔中ジュースだらけにして、ただ、ただ、夢中でつぶしていたのです。どうやら、その感触がよかったのでしょう。

今は、彼女もおばさんですから、鼻先に寄せても無関心。カアサンは、じっくり楽しめます。そして宮古島の市場の皆さんには、是非頑張って乗り切ってほしいと思います。

商売は？

2020年8月26日
クッキー13才6か月

マンゴーは、6月の上旬に発注しました。ホームページではすでに注文受付が終わっていたところを、なんだか、無理に発注したみたい。で、チョット気になっていたのだけれど、時が進み、7月に入り、お中元シーズンが終わる頃になっても、オトサタなし。

クッキー、困ったねー。思い切って、メールを送りました。

「本当は、お中元を考えていたのですけれど、いつ頃になるでしょうか？」

驚き!!　翌日、航空便でマンゴーの箱が届いた。嬉しいけれど、うちの分は最後でよかったのに……。

それから1週間ほどして、再びマンゴーが来たー。エエッ？　うちの分としては、1箱分しか払ってないのに……。とにかく、返品するわけにはいかないので、「返品はできないので、払います。金額を教えてください」とメール。

それはそれは、おいしいマンゴーでした。先に届いたのより、明らかに高級とわかった。

「いや、3品目分、払ってもらっています」と、返信が来た。

「それは、去年の分だと思います。今年は選択肢がなかったので、1品目だけだったのですが」と、注文時に店主から届いた自動返信のメールと、カアサンの振り込み日などを書いて送信。

以降、返信なし。7月も末になって、よそ様への分について、「今週中には送れると、農家さんが言ってます」。ああ、農家さんの都合があるんだ、と納得。もう、いつでも、送ってもらえるならいいわ。

そして、8月に入って完了したらしい。ホッとして、最後のメール。

「最後になってしまいましたが、我が家への2回目のマンゴー、多分、○○○○円かXXXXX円だったと思いますので、XXXXX円を、銀行に振り込むことにします」

すぐに返信が入りました。

「振り込まないでください」

トウサンと、「もう、仕方ないね」。

「心苦しいですが、それでは、おいしい思い出とさせていただきます」

お礼の気持ちで、市場のホームページから、ちょっとした買い物をしました。


二日後に、注文品が届きました。こちらは、まだ振り込んでいないのに……。ホームページには、入金が確認されてから発送する、と記載されているのに……。商売やさんなのにね……。


とにかく、急いで銀行へ。

なんだか、マンゴーに振り回された夏でした。

宮部みゆき

2020年11月20日
クッキー13才8か月

何か読みたいなあー、と、新聞の広告などをつらつらと眺めていて、〝宮部みゆき〟という名に、目が留まりました。知らなかったわけではない、でも、自分が読む対象として意識したことはなかった。

広告の内容を見ると、ちょっと、面白そう。〝時代物〟に、あんまり警戒感がなくなっていたみたい。さっそく、ネット注文。

読んでみたら、面白い、かなりいい。次から次へ、かなり何冊も発注してしまった。彼女の時代物、捕物帳は、人情もの。親分がいい、おおらかで明るくて、怖いところはさらっと。結末も、なんか明るい。

だから、時代物を敬遠してきたカアサンも、すっかりファンになったらしい。とにかく、文章が上手。小説家だから当然、というわけではないんですね。がっかりしたことが何回かある。

目があまりタフでないので、徹夜でむさぼり読む、なんてことはできない。だから、今、2～3冊ぐらいストックがある。読むものがある、という安心感。

それを読んでしまったら、また、彼女のシリーズに行くでしょう。

それにしても、分厚い本格小説を数年に一度作り上げるのもすごいけれど、彼女のように、読者の懐に飛び込むような新しいストーリーを次々と生み出していく才能って、すごいなあって思う。

クッキーも、本が好き。しかも新しいものが……。とことん、食い尽くしてしまう。だから、宮部さんのものは、彼女の目が届かないところに置いています。

ワクチン

2020年12月25日
クッキー13才10か月

コロナウイルスという〝存在〟、私たちには何の痕跡も感じられないけれど、テレビには、何かギザギザの球体が映し出されている。確かに、人間には直視できないけれど、〝存在〟しているんだ。

大昔の大昔、科学技術が発達していない頃だったら、カミさまのお怒り、又は、アクマさんの悪さ、として恐れおののいたことでしょう。〝存在〟って、なんだろう、と、ウィキペディアを覗いてみたら、ややこしくてお手上げ。右の国も左の国も関係ない、とにかく、世界中が翻弄されている。今、地球上に生きている人々にとって、全く初めての経験、そして、どこの国にもマスク人間が溢れていて、その画像が、だんだん当たり前の景色に思えてきてしまう。

でも、嬉しいことに、ワクチンの知らせがチラホラと入ってきます。すごいことですね。たった1年で、ウイルスへの備えが整いつつあるというのですから。
「そんな時代もあったね」と話せるときが、少しでも早く訪れますように。

春先からずっと延期されてきたカアサンたちの〝女子会〟（忘年会）、メンバーから、「もう、そろそろ動き出している人たちもいるから、私たちも、忘年会やらない？」ってメールが来たけれど、「あと、半年頑張ろう。その頃には、私たちのところにも、ワクチンが回ってくるかもしれないから」って、先延ばしにしてもらった。

カアサンたちの引きこもり生活も、クッキーがいてくれることで結構楽しい。彼女は、年明け2月に14才になります。健康だけれど、やっぱり若い頃のようなとてつもないパワーはないみたい。

原っぱでのボール投げでは、追ってはいくけれど、持って帰らない。大ジャンプもやらない。股関節がないことが、年とともに障害にならないのかなって、気になっています。最近は、超敏感な目覚めもなくて、トウサンの出入りに吠えまくることも少なくなった。

今、彼女がフィーチャーしているのは、〝ネズミ〟。もともと、ネコの玩具らしい、リモートのネズミです。とっても気に入りで、ネズミを入れてある戸棚の前へ来ると、戸棚をじっと睨んでいる。

戸棚から引っ張り出したら、大騒ぎ。裏返った黄色い声を張り上げて追っかけたり、ガシガシ齧ったり、ピンクの耳は、即日にむしり取られてしまった。リモートで走らせる隙もないくらいに即捕獲。放り投げられたり、荒っぽく扱われて、ネズミくんも気の毒だし、何日もしないうちに、よれよれになりそう。

クッキーは、やっぱりまだ若い!!

今日は、クリスマス。昨晩は、小さなチキンと小さなケーキをいただきました。においを嗅ぎつけてきたクッキーにも、チキンを少しお裾分け。

Merry Christmas & A Happy New Year !!

スカイツリー

2021年1月26日
クッキー13才11か月

我が家は古い集合住宅の1室ですが、ベランダが、第一種低層住居地域に面しているため、かなり遠くまで視界が開けています。

これが、とても快適。刻一刻と変わる雲の形、空の表情を、ボーッと眺めていることができる。対面に、窓がないから……。

古い住宅、カアサンとしては、早く建て替えの議論をしてほしいと願っているけど、その気配は全くない。かといって、自分から言い出す覚悟はないし……。

それに、この眺望を失うのは惜しいしなあ。低層住宅地の先には、ビルが立ち並んでいて、地平線には、なにやら、てかてかと光る塔があちこちにあるんだ……。それが何やらなど、全く考えていなかったけれど、数年前に住民の友人から、「スカイツリーが見えなくなった！　マンションが建って！」と聞いて、エッ！

そんなの見えるの？　早速、家で目をこらし、というか、望遠鏡をこらしてみたら、アッタ！　あの、独特のスマートな骨組みが……。気づいてみれば肉眼でも識別できるけれど、望遠鏡で見ればきれい。

昼間もライトが点滅しているけれど、夜はことさらに魅力的。赤、白、グリーン、ブルーと、夜景を彩るマンション群の鈍い光の中でも、キリッと引き締まっている。見えなくなった、と言っていた彼女の住まいは、我が家の隣の住居列だから、ずいぶん微妙なん

東京都庁舎からの日の出

だ。

なんと、我が家のキッチン、食卓のカアサンの椅子に座れば、隣の部屋の小窓を通して、スカイツリーが、ストレートに目に入ってくる。こんなにいい眺めがあったんだ。

だったら、東京タワーは？　そんな風に思ったのは、昨年の秋。望遠鏡を回してみて、アッタ‼　スカイツリーから、東京都庁舎を過ぎて30度ほど右へ（南へ）回してみたら、なんと、東京タワーが……見えました。昼間は、手前にある送電線が障りになって見にくいけれど、夜は、鮮やかな赤色に彩られて、華やか。

我が家との直線距離は、スカイツリー22・6㎞、東京タワー17・1㎞。そんな、考えてもみなかったタワーの姿が、6Fという低い我が家に届いているなんて、嬉しいことです。

クッキーにも、見せてあげました。「ほらクッキー、スカイツリーが見えるよ……」。彼女は、外の景色には関心がないみたい、そっぽ向いていました。

カラス

2021年3月2日
クッキー14才0か月

日常見かける鳥の中でも、カラスって、なんだか警戒してしまう。真っ黒な姿はチョット怪しげだし、声はやかましい。

とにかく許せないのは、弱い鳥たちを脅かしたり襲ったりすること。カアサンたちが通う公園は、彼らの天下です。

いつもいつも、結構多くのカラスが、木々の間をうろついているし、ガアー、ガアーと、鳴き声が、いつもあちこちから響いている。彼らの巣があるとみられる大木群のもと、芝生広場に集団で降り立って、ざわついていることもある。だから、小鳥たちが寄り付かないのかな?

だけど、チョット冷静に考えれば、彼らだって、ただ普通に生きているだけ。チョット恵まれた体力を使い、チョット恵まれた能力を使って、食事を手に入れている。それにしても、自然の調和の中で、他の鳥たちとのバランスだけは維持してほしいなあ。

ちなみに、クッキーは、地上に降りているカラスくんを見つけると、負けることは明らかなのに、猛然と突進してしまう。カラスくんが逃げてくれるので、こともなし。

……ある日の夕方、公園からの帰り道、薄暗い道端で、何か動くものが。見ると、カラスでした。

食パンの袋をつついて、破れた袋から引っ張り出した食パンを、サッとくわえると、舞い立ちました。アッという間。

そばに、ママチャリが置いてありました。そのカゴから引きずり落としたのでしょう。

明朝の食パンをなくしたお母さんは、どんな顔をするかしら？　もし人間だったら、袋ごと失敬するでしょうけれど。

まあ、この賢く、大胆な鳥が絶滅危惧種になって、みんなに大事にされる、なんて時代はやってこないでしょうね。

駐車場を求めてウロウロ

2021年5月14日
クッキー14才2か月

自粛が続きます。

我が家のささやかな願いは、神代植物公園周辺の緑地帯でのクッキーの散歩が支障なくできること。いつも通っていた神代植物公園の駐車場は、閉じたまま。で、これまでは、周辺道路を大回りして、深大寺正面付近まで行き、近くの駐車場のどこかに車を置いていました。そこから、坂道を上って、原っぱの端っこまで歩きます。

でも、この間、深大寺の方へ曲がる信号より手前の、信号のない細道の脇に、〝有料駐車場〟の看板を見つけました。行ってみると、2、30台は入る、結構大きな駐車場。こんな目立たないところ、みんなよく知っているなあ、と思うくらい、昼時には満杯。あきらめて帰ろうとしているときに、ちょうど1台出てきました。ラッキー‼

車を置いて、大通りとは反対の方向へ向かうと、石畳から舗装道路へと続く、林を切り開いたような、葉陰の涼しい道路が続いて、10分ほどで広い原っぱへ出ます。ちょうど、深大寺と神代植物公園の裏をたどるような、そして、深大寺にも、神代植物公園にもアクセスしやすい、心地よい緑陰の散歩道でした。

深大寺の正面付近から歩くよりはるかに楽。以降、この場所に車を置くことになりました。

原っぱは、幼い子供を連れたファミリーや、ワンコ連れの人たちでにぎやか。以前に比べて、認知度ははるかに上がっているようです。

寒くなく、暑くなく、爽やかな空気、桜色の彩り、時々響き渡る鳥の声、快適なひと時を過ごします。

クッキーも、地面に敷いたシートの周辺を丹念にパトロール、そして昼寝、といい時を過ごします。

桜が終わってしまうとひっそりと鎮まる広場も、この季節だけは、ひときわ朗らかです。

ワクチン接種

2021年6月5日
クッキー14才3か月

1回目のコロナワクチン接種を済ませました。かかりつけ医がいないので、集団接種に申し込み。持っていった書類のチェックを済ませてから、予診室の前で待機。前のお二人が、付き添い付きの車椅子の方で、予診室へ入ってからかなり時間がかかっている。スタッフが、予診室を時々覗いたりしている。

予診は時間がかかるんだなあ、と覚悟していたけれど、カアサンが入ると、先生は予診表をサッと流して、質問もなくすぐに署名、はいどうぞ、座る暇もない。

とにかく、カーテンの向こうへ出ると、何だ? こりゃ? 広い空間に、水色のパーティションがずっと並んでいて、人の気配がない。さて、左へ行ってみようか、と思ったところで、予診室のカーテンが開き、先生が誰かに怒鳴っている。右の奥からスタッフが走ってきて、怒られているようだった。しっかり案内せよ、ということでしょう。

というわけで、パーティションで仕切られたたくさんのブースが番号順に並んでいる、右奥の方の個室に案内されました。すぐに看護師さんがワゴンを引いてきて、チクリ。

やっぱり注射は痛いのだ……。そして、2回目の予約、15分間の待機と、その場で過ごして、ハイ終了。とてもスムーズな流れでした。

さて、副反応は？

夕方ぐらいから、注射部位あたりが痛くなって、腕が肩ぐらいまでしか上がらなくなったけれど、他に、何の問題もない。実は、事前に、解熱剤のアセトアミノフェン製剤を用意しておこうと、ネットを探しました。けれど、どこも売り切れ。トウサンが、自転車で近場の薬局やドラッグストア6店を回って、最後の店で、入荷したばかりのを手に入れてきていましたが、無用でした。

そして、翌日の夜ぐらいからは、腕が肩まで上がりだして、翌々日には、ほぼ、問題なくなりました。テレビなどで見ると、このくらいがほぼ普通らしい。免疫も普通ぐらいにあるといいな？

1回目、無事にクリアして、とにかくホッとしました。

〝クッキー！　カアサンは無敵よー〟って、クッキーに言ったけれど、彼女は、そっぽ向いていました。

ただ、高齢者は、若者に比べて抗体価が低いらしい。その低い価で、どのくらいの期間防御されるのかな？　高齢者はもう1回追加、なんてことがないように、お願いします。

トウサンは、我が集合住宅のすぐ前のクリニックで、明日接種します。

セミ

2021年8月26日
クッキー14才6か月

この季節には珍しい涼しい朝でした。

ベランダに何か落ちている。見ると、死んだセミ、6本脚が上にあがっている。ウーン、ヤダなーと思いながら、トウサンに、片づけてよー。ティッシュを被せて、ポリ袋で取ってー。

トウサンが、ティッシュを被せて、ポリ袋で取ろうとしたら、彼（彼女？）は、ジージー、ジージージー、と仰向けのまま激しく動いて、逃れました。

キャー！　トウサンもビックリ！　「生きてるようー」

再びジッと動かないけど、どうしよう？　「セミは死ぬんだよ。キュウリに楊枝をさして、側に置いたら？」

トウサンの言うとおり、キュウリを切って、楊枝をさして、側に置いてみました。

チョット動いたけど、変化なし。で、キュウリのささった楊枝を持って、伸ばした脚の上にかざしてみました。なんと、彼は脚を伸ばして、キュウリにしっかりとつかまってきたのです。セミ付きのキュウリを下に置いて、しばらくすると、横っちょにしがみついていた彼が、キュウリの実の上にしっかりと乗って、何か、細い管を、キュウリにしっかり当てている様子。

「食べてるー！」

でも、コンクリートの上はまずいでしょ。とにかく、土の上がいい。ちょっと大きい植木鉢は、ローズマリーだけ。楊枝を持って、その植木鉢に置きました。

ローズマリーは、下の方が木質化してるけれど、この香りが嫌いだったら、ゴメン。その日は、特に、よい香りが漂っていました。

しばらく後で見ると、あれ！　彼は、キュウリを捨てて、ローズマリーの枝（葉？）に抱きついている。樹液を吸えるほどの太さではないけど？

そして、夕方、あれ！

彼は、植木鉢の下に落ちて、朝と同じように6本脚を上げて、ひっくり返っていました。ダメかなー？　とにかく、もう一度。割りばしを脚の上にかざすと、6本脚がしっかりとはしをつかんできました。

そのまま、植木鉢へ。しばらくすると、彼は、再びローズマリーの葉っぱの上に、ジッとしている。夜、カーテンを閉めるまで、同じ姿勢でいました。

翌日、彼はやっぱり、ローズマリーの葉っぱの上。キュウリ食べないの？と、新しいのと交換。

　しばらくして、トウサンが「セミが鳴いた」って。

「ホント?」「外かもしれない」「外なんか聞こえないよ」などと言っていた。

　そして昼前、ふと見ると、いない、いない、いない！　いない!!　狭いベランダ中、室外機の下まで見たけれど、ホントにいない。彼は、飛び去ったのです。あんなに、死にそうだったのに。

　多分、あの「鳴いた」ときだったのでしょう。

　キュウリで元気が出たのかしら？　それとも、ローズマリー?

　とにかくよかった。もう、こんなコンクリートジャングルは、ダメよ。好きな木を探してね。

　クッキーは、全く落ち着いていました。昔だったら大騒ぎしてたのにね。

Zoom

2021年9月28日
クッキー14才7か月

〝Zoom〟というの、初めてでした。

とにかく、ぶっつけ本番で、パソコンの前に座りました。時節柄、通常の集合研修というのに代えてのライブ研修。難なく会議に参加できて、ホッとしました。だけど、会話に参加するのは、結構ハードルが高い。なんか、熱心に議論しているところに割り込むのは、チョット気後れする。これって、慣れなんでしょうね。何の迷いもなく、場に慣れているらしい人が多かった。

まあ、とにかく、午後1時から6時半まで、途中、10分間の休止。

無事に終わりました。無事に終わってよかった、というのは、傍らの椅子に、クッキーが陪席していたこともあります。画面には映らないけれど、椅子には、クッキーが丸くなっている。カアサンは、隣の小さな丸椅子。

クッキーは、カアサンがパソコンに向き合うと、必ず、自分も座るんじゃ、と言ってきます。ギャーギャーとわめいて、なんとしても、椅子をゲットする。カアサンは、仕方ないから、小さな丸椅子を持ってくる。

ピンポーン、と宅配便でも来たらどうしよう、クッキーは、盛大にわめいて玄関に突進する……。と、心配だったけれど、杞憂でした。

で、ホントに、ホッとしました。クッキーは、10分間を除く5時間余りを、全く静かにきっちりと受講しました。

だから、クッキーにも、単位をください。

だけど、クッキー、居眠りが多かったね……。

老人

2021年11月30日
クッキー14才9か月

99才の作家がなくなりました。

本を読んだことはないけれど、闊達な文筆家であることが、新聞のチョットしたエッセーからもうかがい知ることができます。どんな話題にも早口で雄弁に明るく受け答えしておられる様子は、そのお年からははるかに超越しているように見えました。

でも、やっぱり、人の終わりはやってきました。

その少し前、カアサンは、何かのエッセーにギョッとしました。彼女は、コロナワクチンを受けに病院か何かに行かれたようです。そのとき、病院には、大勢の老人が集まっていて、ビックリした……ということです。

〝ウンザリするくらいの老人〟がいたというのです。

老人の接種期間中だったのでしょうから、当然です。多分、その中でも、彼女が一番の先輩だったことでしょうけれど、彼女は、〝ウンザリするくらいの老人〟と、老人に対する嫌悪感を覚えたようです。他の老人に対する嫌悪感とともに、ご自分がその仲間であることに抗うような感覚を持っておられたのではないでしょうか。

彼女が過去に続けられた説法のＶＴＲなどには、集まった大勢の老人たちの姿が映っていました。時が経ち、立場が変わって、そんな意識が湧いてきたのかもしれません。

それで、ふと思い出したのは、今から十数年前、市の主催で、有名な落語家の独演会が開催されたときのことです。まだ、クッキーが家に来る前のこと、カアサンたちも、彼の話を聴くのは初めて。ホールに向かいました。

盛大な拍手に迎えられて座った開口一番、「なんだ、年寄りばかりじゃないか。こんな年寄りばかりだったら、もう来ないよ」。

ホール全体が凍り付きました。不機嫌そうにしゃべり、声帯を痛めているのか、発声も弱いこともあって、そのときに、どんな話がされたのか、全く覚えていません。

彼もまた、年寄りの一人だったのですが、きっと、年を取ることに対する嫌悪感を抱いておられたのだと思います。つまり、老人に〝ウンザリ〟しておられたのでしょう。

たいがいの人間は、年を取ったと感じたときに失望を覚えます。できるだけ老いを知られたくない。老いを隠したい。老いを遅らせたい。

世の中には、老いに対するさまざまな対抗手段がばらまかれています。

女性であれば、まずは顔。意識は若いときと何も変わりないのに、鏡を見たら……オババ……。ウーン、仕方ない。

厚塗り、濃い化粧‥夜には落とすんでしょう？　面倒くさーい。ギャップにがくーん。

しわ伸ばしの高い注射…続かなーい。

手術…怖い、怖ーい。

ということで、カアサンは、さらのオババ顔をさらしています（今は、マスクがだいたい隠してくれる）。でも、いいんです。それが人間の歴史です。

テレビで輝いているパッチリお目目のお嬢さん、ピカピカのイケメンくん、誰だって、もう40、50年も経てば、みんな、オジジ、オババなんですよ。逆に、今どきのオジジ、オババだって、かつては、ピカピカイケメンくん、パッチリお目目のお嬢さんだったかもしれない。

それにしても、クッキーはいい‼　キャピキャピの時代から、顔はあまり変わっていない。年を取ったのに変わらない。鼻の周辺の毛が少し減ったかな？　そういえば、濃いシミも増えたね。でも、シワはないしねー。まだまだ、全身に衰えは感じられない。年を聞かれて驚かれるくらい。

でも、クッキーが仮にシワクチャになったって、カアサンは、大好きだからね。

歩数

2022年3月29日
クッキー15才1か月

古い知人Mさんの年賀状に、1日1万歩を歩いていることが書かれていました。エッ！　すごい！　1万歩って、どんな？

カアサンたちは、どのくらい歩いているんだろうと興味シンシン。早速ネットで歩数計を買いました。

それから、ほぼ毎日、歩数計をつけてわかりました。我が家のような狭い室内で、チョコマカ家事をしているだけだと、せいぜい、千歩あるかないかくらい。そして、1年余り前から使っているウォーキングマシーン、これを使うと、2千歩余り。ずいぶん行く……。で、普通は、3千歩余り。

そして、クッキーの散歩か買い物に行けば、4千歩余り。

だいたい、そんな感じ。ここまでわかって、歩数計は、引き出しへ。

それにしても1万歩はすごい！

そして、わかりました。彼は、単に歩数を数えているだけではなくて、全国を回り、カアサンなど、ほとんど読めないような難しい漢字の地名や施設名、その由来について調べ上げ、数年前には、本にまでまとめ上げておられました。

これでこそ、生きた1万歩なんだ……。カアサンたちは太刀打ちできないし、何かに着眼して歩くのはいいなあ、と思う。Mさんには、是非頑張って、1万歩を続けていただきたいと思います。

ところで、クッキーの歩数はどのくらい？　結構歩きそうだけど……。で、早速、首にぶら下げてもらいました。朝から2時間くらい。迷惑そうなので外してみたら、１８０歩。

だけど、彼女の歩数って、どう数えるの？　4本の足が、何やら、せかせかと動いてる⁇

まあ、クッキーには、歩数なんて必要ないね、自由気ままにやって。

ヨクイニン

2022年5月2日
クッキー15才2か月

クッキーの口元（左上あご）にイボができて、もう、1年以上になります。最初は、口元の被毛に隠れてほとんど目立たなかったけれど、少しずつ、大きくなってくる。それで思いついたのは、〝ヨクイニン〟。イボが取れるって、昔から言われている。大体、動物薬の多くは、人間用のものと共通ですからね。

早速、薬局で買ってきました。錠剤、何錠飲もうか？　大人1日18錠、4才児1日6錠、クッキーは5kg余りだから、8錠にしようか？

朝晩、4錠ずつ、ごはんか、おやつに混ぜて食べてもらう。さて、食べてくれるかな？やっぱり、錠剤サイズ5㎜じゃムリでしょう？　で、1錠を4分割しました。これを、おやつの中を削って押し込んだり、ササミにはさんだりして食べさせる。

彼女は敏感です。怪しげな塊が入っていると感じたら、巧みに放りだす。いつもなら、パクっと飲み込むところを、前歯でじわじわと囓ったりして、白い塊は、ペッと吐き出したり……。

何？　そんなにまずいの？　カアサンもなめてみました。そんなにまずくはない。穀物系の味、ハトムギですからね。

やっぱり、〝異物感〟なんですね。とにかく、この粒を食べさせるのに、ずいぶん苦労してきました。

少しずつ大きくなって、半年くらい前には、赤くなったイボが、何かに当たって、こすれて、敷物などにちょっと、血が付くくらいになりました。

やっぱり、医者に行ってみよう。最近変えた近くの動物病院へ行きました。

先生も、なんとも微妙な場所なので、仕方ない。取っても、縫っても、レーザーでも、全く自由に舐められてしまうし……保護できない。取ってしまっても、イボだから再発するかもしれない。

「ヨクイニンを使ってます」と言ったら、「エッ？　ヨクイニン？　あっ、そうですか。それは気づかなかった。いいかもしれませんね」。

頑張って使い続けました。５００錠くらいのビンを３本目。でも、小さくはなりませんでした。

人の体験談では、２か月くらいで黒くつぶれてきたりするらしいけれど、クッキーのは変化なし。

やっぱり、効かないね。でも、使わなかったら、もっと大きくなっていたかもしれない……と、悩みつつ、もう、やめようか、と思い始めています。

クッキーが気にしている風は全くないからいいけれど……。


その後の話ですが、クッキー15才の秋、避妊をしなかった結果として子宮蓄膿症となって、手術を受けました。全身麻酔だったので、ついで（?）に、イボを取っていただきました。

それから1年近く、再発の様子はありません。よかったー。

野川公園

2022年10月29日
クッキー15才8か月

野川公園が、こんなに魅力的なところとは、知らなかった。

いつか1度行ったことがあるけれど、何か、だだっ広いな、くらいに感じていた。でも、最近行くようになってみて、その魅力のとりこになりました。〝散歩は野川〟。

元はゴルフ場だったという広大な芝生広場、そして、赤松、黒松、楠、……さまざまな常緑の大木群、秋にはたくさんの葉っぱと木の実を落とす落葉樹群に覆われた奥深い雑木林。北部には水のきれいな野川が流れ、広いバーベキュー広場があります。

ことに、気候のよい休日には、バーベキュー広場には驚くほどの人出、そしてよい匂いが漂っています。ファミリーあり、グループあり、そして、ボッチＢＢＱまで、大きな空の下で食欲は進みます。

芝生は、よく手入れされていて、感触よく、クッキーも快適そう。休日には、見晴るかす遠くまで、人の姿、結構な数のテント、シート、そして、キャッチボール、野球、サッカー、フリスビーなどなど、にぎやかだけど、林に沿って進んでいくと、シートを広げるに適した日陰が見つかります。

クッキーには、持ってきたおやつ、カアサンたちは、売店で買った焼きそばなどを食べて一休み。この後、クッキーは、心地よい昼寝へ。いい眺め。

国際基督教大学、アメリカンスクールが近接しているからでしょう、外国人のファミリー、グループも多い。

　学校の課外授業にも、しばしば使われているようです。ある日の午後、追いかけっこをしたり、そんな子供たちの元気な声が響いていました。しばらくすると、大芝地の中央部付近の木陰に座っていたカアサンたちの右手はるか先、売店の近くで、子供たちが2列に並んで帰る準備を始めたのが見えました。

　すると、先生らしい人が私たちの位置くらいまで走ってきて、「○○ー！　集合ー！」と手マイクで叫びました。左手奥に視線を回すと、ポツンと見えていた赤い帽子がパッとはね上がって、いきなり走り出てきました。赤帽くんは、半ズボンのコンパスを最大限広げて、芝地を飛ぶように疾走していきました。

　仲間の動きが頭から抜け落ちてしまうくらいに、引き込まれたものがあったんでしょうね。これこそ、課外授業のダイゴミです。

　あ！　そうそう！　頭の上には、

それなりの音を響かせて飛行機が飛んできます。すぐ近くの調布飛行場へ着陸する飛行機たちです。模型飛行機のような見場、大きくても搭乗者20～30人くらいかな？　静かな環境、というわけではないけれど、慣れてしまえば気にならない。

本当に素敵な公園です。

僧帽弁閉鎖不全症

2023年11月25日
クッキー16才9か月

クッキーは、半年ほど前から、時々、変な咳をするようになりました。動物病院に相談すると、結局、小型犬によくある、僧帽弁閉鎖不全症であることがわかりました。進行すると、呼吸困難な状態となって、とても苦しむらしい。
トウサン、「手術は、どうですか？」。先生は、クッキーの年を気にしながらも、すぐに、横浜市のJセンターを紹介してくださった。手術ができるか否かを含めて、相談してくだ

さい。

横浜の病院は、かかりつけ医からの紹介のみを受け付ける二次診療機関でした。僧帽弁閉鎖不全症手術の世界的な権威U先生がいらして、よい成績をあげておられるらしい。もう、これっきゃない！　かかりつけの先生がすぐに予約を取ってくださって、もう1週間後には受診していました。

担当の先生によると、この病院で手術をした15才の子は5匹、その成績も、よしあしいろいろ。16才の手術はまだないけれど、来週ぐらいに、ちょうど16才になる子が手術を受けるのですって。

ああ、16才は壁なんだ……。血液の生化学検査では、手術ＯＫだけど、さまざまなリスクを説明されました。

「よく考えて、どうするか決めてください」

翌日、病院に電話。「手術、受けることに決めました」

結果はわからない、けれど、クッキーの将来の苦しみを避けてあげたい、という思いは揺るがない。

手術の前夜、ソファーに座ってクッキーとくつろぎながら、「これが最後かもしれないね……」。何かグッとくるものがありました。

手術日、朝7時集合、5時半に出発しました。

「クッキーや、カアサンたちは、クッキーの将来の苦しみを避けてあげようと考えたのだから、もしうまくいかなかったとしても許してね」

そう念じながら、彼女を病院に託しました。

10時15分から30分くらいに、先生から説明があります、と聞いていたけれど、30分を過ぎてもお声がかからない。さらに15分も過ぎると、ジンジョウじゃないね……体がだんだん硬くなる。

そして、11時頃になって、手術着姿のU先生に呼ばれました。先生についてドアを入ると、目の前は、ガラス張りの広く明るい手術室。

拍動などの画像が動いている。クッキーは生きている！　助手の先生が、縫合などの処置をされているようでした。

U先生によると、弁はボロボロで、難しい手術だったようです。常とは違う処置をされた……それで、時間がかかったのですね。助けてくださってありがとう。

翌日、面会に行くと、クッキーは穏やかに眠っていたので、そのまま帰りました。さらに次の日、気づくとクッキー大喜び。抱いて、持ってきたごはんを食べさせました。また、翌日は、応接間にクッキーが連れてこられて、ごはんを食べさせました。看護師さんによると、ごはんを食べない。ごはんをあげようとしてケージのトビラを開けると、外へ出たがって、騒ぐらしい。

カアサンたちが外にいる！って思うのでしょうね。で、その場で、明日の退院を言われました。

翌日、手術日から5日目の退院。彼女は、第一段階をクリアしました。

クッキー16才7か月、もしかしたら、病院の記録を更新したかもしれない。まだ、合併症などの可能性があるので、楽観はできないけれど、元気なクッキーに戻りつつあります。

クッキーのマイブーム

クッキーは、17才に近いところまで来ました。昔のようなボールへの遮二無二な執着はなくなったけれど、まだまだ元気に走ります。

食事の好き嫌いがあって、というより、好きなものが限られていて結構苦労しているけれど、今のところ、なんとか体重維持。


さて、クッキーのこの頃の〝マイブーム〟。

その1：お水が好き

クッキーは、一時期、お水を飲みに行っても、なんだか飲めなくて、ワンワンワン！

結局、水に自分の顔が映るのが気になるらしいとわかって、器を変えました。

それ以来、完全な水好きに。食事はもちろん、おやつでも何でも口にしたら、すぐに水を飲みに行く。トウサンが、頻繁に水を替えてくれる。クッキー、寝ているように見えても、トウサンが水を替えてくれたのを察知して、起きだしていく。

チョット、おばあちゃんみたいだよー。

その2：バイクが怪しい？

車で走行中、信号で停車したとき、バイクがやってきて並んで停車したら、彼女は、全身ガチガチに固まってしまう。バイクをじっと睨んでる。信号が変わって走り出したら、途端に、猛然と吠えたてる。

バイクの運転手さん、気づかないで……。だけど、気づいた人は、ビックリ。

「なんじゃ？」

その3：カラスが嫌い

野川公園には、カラスが多い。クッキー一家が好んで座る芝地の周辺にも、何羽ものカラスが餌をついばんでいる。こちらを気にしながらも、結構近づいてくる。

クッキーが気づいたら、直ちに出動。カラスに向かって突進。

でも、やっぱりムリよ。彼らには、羽があるからね。

その4：ピーコが好き

食事やおやつ、おなかが満たされると、彼女は、そそくさとピーコ（鳥のぬいぐるみ）

を探しに行く。見つけてくわえてくると、「クーン、クーン」と切ない鼻声を上げながら歩き回って、落ち着く場所を探している。

カアサンには、なんだかわかりません。〝巣〟が欲しいのかな?って、毛布を広げてみたりするけど、どうも違うみたい。さんざ、行ったり来たりして、やっとピーコを床に降ろして落ち着くまで早ければ数分。

その5：出会いのシンボル

カアサンとの出会いのシンボル、しっぽフリフリは、今も健在。

おわりに

とりとめもないクッキーとの日常をたどって、いつのまにか十数年が経っていました。

何気ないクッキーとのエピソードばかりですが、カアサンにとっては全て本当に懐かしい思い出です。読者の皆様には、最後のページまでお付き合いいただき、ありがとうございました。

幼いときの、若いときの爆走、爆囓り、元気のかたまりのようだった彼女の姿も、今から思えば楽しかった。ワンコの人生（犬生）は、とっても短い。たった十数年で人生を駆け抜けてしまうということを、この頃実感しています。

でも、クッキーは、まだまだ元気。しっかり走ってついてくるし、急に、ボールへの執着を思い出すこともあります。

この本には、沢山の写真が挿入されていて、それらの写真の多くは、運動能力抜群のクッキー、そしてトウサンの的確な助演によって生み出されています。これからも、クッキー一家そろって、新しい頁を創っていきたいと思っています。

そして、あせらず、急がず、明日も、明後日も、ずっと一緒に歩いていこうね。さあ、散歩よー、野川公園へ行こうー。

〈著者紹介〉
谷口 晶（たにぐち あき）

明日《あした》も一緒《いっしょ》よ、クッキー

2024年6月14日　第1刷発行

著　者　　　谷口 晶
発行人　　　久保田貴幸

発行元　　　株式会社 幻冬舎メディアコンサルティング
〒151-0051　東京都渋谷区千駄ヶ谷4-9-7
電話　03-5411-6440（編集）

発売元　　　株式会社 幻冬舎
〒151-0051　東京都渋谷区千駄ヶ谷4-9-7
電話　03-5411-6222（営業）

印刷・製本　中央精版印刷株式会社
装　丁　　　野口 萌

検印廃止

ISBN 978-4-344-94982-9 C0095
幻冬舎メディアコンサルティングＨＰ
https://www.gentosha-mc.com/